# ISO 19011:2018
(JIS Q 19011:2019)

# マネジメントシステム監査
## 解説と活用方法

福丸　典芳　著

日本規格協会

# まえがき

ISO 19011は2011年に第2版として発行された．これ以降，ISO/IEC 27001（情報セキュリティマネジメントシステム），ISO 9001（品質マネジメントシステム），及びISO 14001（環境マネジメントシステム）の改正とともに，ISO 39001（道路交通マネジメントシステム），ISO 50001（エネルギーマネジメントシステム），ISO 55001（アセットマネジメントシステム），ISO 45001（労働安全衛生マネジメントシステム）など新しいマネジメントシステム規格が発行されてきている．これらの規格は，2012年に開発された「ISO/IEC専門業務用指針，第1部」の中の「統合版ISO補足指針－ISO専門手順附属書SL」に従って作成されている．ISO 19011はこの附属書SLを考慮して2018年7月に第3版として発行された．

第一者監査すなわち内部監査に関しては，各マネジメントシステム要求事項で規定されており，これを効果的で効率的に行うためには，内部監査プロセスが組織の能力に適合したものでなければ，マネジメントシステムを評価する有効なツールにはなり得ない．しかし，多くの組織では内部監査が十分に機能していないのが現実である．その原因と考えられるのが，トップマネジメントや管理責任者が内部監査をあまり重要視していないからである．本来であれば，トップマネジメント自身がマネジメントシステムの運営管理状況を直接評価すべきであるが，この方法では時間的にも，空間的にも現実的ではない．このため，トップマネジメントが内部監査員に対してマネジメントシステムの評価を代行させているのであるという認識にたてば，内部監査の重要性を理解することにつながる．このためには，組織の現行の内部監査のプロセスとISO 19011のギャップ分析を行い，組織にとって組み込むべき要素を改善する必要がある．

一方，組織はサプライチェーンのリスクを低減する目的で，新たな供給者を選定するため，又は既存の供給者を評価するために第二者監査を実施している場合がある．第二者監査は組織の要求事項への適合・不適合だけでなく，問題があれば供給者に対してこれを指導していくという立場にあるので，内部監査とは相違がある．このため，有効な第二者監査を行うためにもISO 19011を活用することが望ましい．

本書では，これから監査を初めて実施する組織や監査を始めて間もない組織が，監査とはどのような方法で実施するのか，仕事の機能の明確化からプロセスのマネジメントに至る考え方を理解できるような方法について示している．

監査を効果的かつ効率的に実施するために，第1章は監査の本質，監査プロセスの問題点，監査の仕組み，及び監査にかかわる人々の役割について，第2章はISO 19011の箇条ごとの解説，第3章は効果的な監査プロセスの構築方法と事例，第4章はISO 9001，ISO 14001，ISO/IEC 27001，及びISO 45001要求事項の監査の視点，並びに第二者監査の視点，第5章は監査プログラムの成熟度レベル評価，第6章は監査に関するQ&Aについて記載した．

これらの内容を理解していただき，効果的でかつ効率的な監査の手順を構築し，マネジメントシステムの改善につながる内部監査及び第二者監査を効果的で効率的に実施していただけることを期待する．

本書の出版にあたり，日本規格協会グループ編集制作チームの室谷さんには多くの助言をいただきまして心から感謝申し上げる．

2019年6月

福丸　典芳

# 目　　次

# 第 1 章　監査活動の基本

## 1.1　監査の本質

### 1.1.1　監査の目的

ISO 19011:2018（JIS Q 19001:2019）の監査の定義は，次のように規定されている．

JIS Q 19011:2019

**監査基準**（**3.7**）が満たされている程度を判定するために，**客観的証拠**（**3.8**）を収集し，それを客観的に評価するための，体系的で，独立し，文書化したプロセス．

**注記 1**　内部監査は，第一者監査と呼ばれることもあり，その組織自体又は代理人によって行われる．

**注記 2**　外部監査には，一般的に第二者監査及び第三者監査と呼ばれるものが含まれる．第二者監査は，顧客など，その組織に利害をもつ者又はその代理人によって行われる．第三者監査は，適合に関する認証・登録を提供する機関又は政府機関のような，独立した監査組織によって行われる．

このことからもわかるように，監査の目的は，該当するプロセスに対して責任及び権限を持たない第三者が，監査対象の組織が運営管理しているマネジメントシステム（以下，MS という）のプロセス及びそのパフォーマンスが期待したとおりになっているかを確認することである．確認した結果，問題が検出された場合には，被監査者が期待どおりの結果が得られるようにプロセスを改善し，期待したパフォーマンスが得られるように改善活動を行うことが大切である.

このため，監査では，事実に基づいてMSの活動状況に関する証拠を集め，要求事項や望ましい状況と比較してプロセスやパフォーマンスがこれらに適合しているか否かを確認することになる.

### 1.1.2 監査のタイプ

監査には，組織が行うMSの活動状況を評価するための内部監査，プロセスのアウトプットである製品が仕様を満たしているかを評価するための製品監査，顧客が行う第二者監査と製品監査，及び第三者が行う認証審査がある.

製品監査とは,製造プロセスや検査プロセスに直接かかわっていない要員が,顧客の視点で製造プロセスの途中段階での半製品，最終検査後の製品，出荷前の製品が製品仕様を満たしているかを随時にサンプルで確認する活動である.この活動では，意図しないミスやデータの改ざんなどの検出を可能とすることができ，製品品質に対する信頼性を高める効果がある.

MS規格には内部監査に関する要求事項が規定されており，これに基づいて内部監査プロセスを運営管理する必要がある．一方，製品監査は，組織がその必要性を考慮してこの活動に取り組むことができる.

## 1.2 監査プロセスの問題点

多くの組織からMSに関する監査をどのように行えばよいのかがわからない，監査の効果が現れない，などという質問を受ける．その背景を確認すると次に示すような問題を抱えていることがわかる.

### 1.2.1 内部監査の構築上の問題点

MSの要求事項を初めて適用しようとする組織は，今まで監査という活動を行ってきたことがないので，次のような問題を抱えている.

**①　内部監査の手順をどのように作成すればよいかがわからない.**

内部監査の要求事項は**ISO/IEC**専門業務用指針，第1部，統合版ISO補足指針-ISO専用手順（附属書SL）では，次のようになっており，これに基づいて各MS規格で要求事項を規定しており，これらに従って手順を作成する必要がある.

附属書SL

**9.2　内部監査**

**9.2.1**　組織は，XXXマネジメントシステムが次の状況にあるか否かに関する情報を提供するために，あらかじめ定めた間隔で内部監査を実施しなければならない.

**a)**　次の事項に適合している.

— XXXマネジメントシステムに関して，組織自体が規定した要求事項

— この規格の要求事項

**b)**　有効に実施され，維持されている.

**9.2.2**　組織は，次に示す事項を行わなければならない.

**a)**　頻度，方法，責任，計画要求事項及び報告を含む，監査プログラムの計画，確立，実施及び維持．監査プログラムは，関連するプロセスの重要性及び前回までの監査の結果を考慮に入れなければならない.

**b)**　各監査について，監査基準及び監査範囲を明確にする.

**c)**　監査プロセスの客観性及び公平性を確保するために，監査員を選定し，監査を実施する.

**d)**　監査の結果を関連する管理層に報告することを確実にする.

**e)**　監査プログラムの実施及び監査結果の証拠として，文書化した情報を保持する.

この要求事項から，内部監査に必要な手順には次の活動が必要となる.

・監査の目的を明確にする.

・監査の頻度（定期, 臨時）, 方法, 責任（監査実行責任者, 監査員, 監査担当者）, 監査計画の策定にあたっての要求事項，報告に関することを含んだ，監査プログラム（特定の目的に向けた，決められた期間内で実行するように計画された一連の監査に関する取決め）を計画し，確立し，実施し，維持する.

・監査ごとに，監査基準及び監査範囲を明確にする.

例えば，定期監査の時期は 11 月であるが，組織体制を大幅に変更したので臨時に 6 月に監査を実施する場合などが該当する.

・監査対象のプロセスにどの監査員を割り当てるかを明確にする.

・監査結果をどのように管理層に報告するかを明確にする.

・監査結果をどのような方法で記録するかを明確にする.

これらの活動を明確にするためには，第 2 章を参考にして手順を確立すると効果的である.

**②　誰を内部監査員に選定し，どの程度の人数が必要なのかがわからない.**

内部監査員は，第一の条件として MS とは何かを理解している人が実施することが大切であるので, 管理層が行うのがベストである. また, 内部監査は, 自分の業務を監査することは公平性の点からできないことになっているので, 各課に最低 1 人いたほうが運営上効果的である.

**③　内部監査員の教育をどのようにすればよいのかがわからない.**

内部監査員の教育は，社外の研修機関やコンサルタントを利用するとよい.

### 1.2.2　内部監査の運営上の問題点

MS の認証取得済みの組織では，内部監査について次のような問題を抱えている.

**①　内部監査の基本的な役割が理解されていない.**

組織は，内部監査に関する要求事項を満たすことは原則であるが，それ以前に MS のねらいに整合した内部監査を実施することが大切である．しかし, MS を構築し，運営管理するねらいを十分理解して内部監査が行われていないため，内部監査が機能していない.

このねらいはMS規格の序文に記載されているので，内部監査では，以下に示す各MSの序文に示された内容を考慮して実施することが大切である．

ISO 9001:2015（JIS Q 9001:2015）では，次のように記載されているので，便益が得られているか否かという視点で監査するとよい．

JIS Q 9001:2015

**0.1 一般**

（略）

組織は，この規格に基づいて品質マネジメントシステムを実施することで，次のような便益を得る可能性がある．

**a)** 顧客要求事項及び適用される法令・規制要求事項を満たした製品及びサービスを一貫して提供できる．

**b)** 顧客満足を向上させる機会を増やす．

**c)** 組織の状況及び目標に関連したリスク及び機会に取り組む．

**d)** 規定された品質マネジメントシステム要求事項への適合を実証できる．

（略）

ISO 14001:2015 (JIS Q 14001:2015) では,次のように記載されているので,これらの事項が達成されているか否かという視点で監査するとよい．

JIS Q 14001:2015

**0.2 環境マネジメントシステムの狙い**

（略）

環境マネジメントのための体系的なアプローチは，次の事項によって，持続可能な開発に寄与することについて，長期的な成功を築き，選択肢を作り出すための情報を，トップマネジメントに提供することができる．

— 有害な環境影響を防止又は緩和することによって，環境を保護する．

— 組織に対する，環境状態から生じる潜在的で有害な影響を緩和する．

— 組織が順守義務を満たすことを支援する．

— 環境パフォーマンスを向上させる.
— 環境影響が意図せずにライフサイクル内の他の部分に移行するのを防ぐことができるライフサイクルの視点を用いることによって，組織の製品及びサービスの設計，製造，流通，消費及び廃棄の方法を管理するか，又はこの方法に影響を及ぼす.
— 市場における組織の位置付けを強化し，かつ，環境にも健全な代替策を実施することで，財務上及び運用上の便益を実現する.
— 環境情報を，関連する利害関係者に伝達する.

（略）

ISO/IEC 27001:2013（JIS Q 27001:2014）では，次のように記載されているので，これらの視点で監査するとよい.

JIS Q 27001:2014

**0.1　概要**

（略）

組織のISMSの確立及び実施は，その組織のニーズ及び目的，セキュリティ要求事項，組織が用いているプロセス，並びに組織の規模及び構造によって影響を受ける．影響をもたらすこれらの要因全ては，時間とともに変化することが見込まれる.

ISMSは，リスクマネジメントプロセスを適用することによって情報の機密性，完全性及び可用性を維持し，かつ，リスクを適切に管理しているという信頼を利害関係者に与える.

（略）

ISO 45001:2018（JIS Q 45001:2018）では，次のように記載されているので，これらの要因が機能しているか否かという視点で監査するとよい.

JIS Q 45001:2018

**0.3　成功のための要因**

（略）

労働安全衛生マネジメントシステムの実施及び維持，並びにその有効性及び意図した成果を達成する能力は，多数の重要な要因に依存している．それらの要因には，次の事項が含まれ得る．

**a)** トップマネジメントのリーダーシップ，コミットメント，責任及び説明責任

**b)** 労働安全衛生マネジメントシステムの意図した成果を支援する文化をトップマネジメントが組織内で形成し，主導し，推進すること

**c)** コミュニケーション

**d)** 働く人及び働く人の代表（いる場合）の協議及び参加

**e)** 労働安全衛生マネジメントシステム維持のために必要な資源の割振り

**f)** 組織の全体的な戦略目標及び方向性と両立する，労働安全衛生方針

**g)** 危険源の特定，労働安全衛生リスクの管理及び労働安全衛生機会の活用のための効果的なプロセス

**h)** 労働安全衛生パフォーマンスを改善するための労働安全衛生マネジメントシステムの継続的なパフォーマンス評価及びモニタリング

**i)** 組織の事業プロセスへの労働安全衛生マネジメントシステムの統合

**j)** 労働安全衛生方針に整合し，組織の危険源，労働安全衛生リスク及び労働安全衛生機会を考慮に入れた労働安全衛生目標

**k)** 法的要求事項及びその他の要求事項の順守

**②　内部監査の実施時期が事業計画と整合していない．**

内部監査計画の策定では，組織が運営管理しているMSの成果を含む実施状況を評価するために，どの時期にどのプロセスを評価するのがよいのかを考える必要がある．しかし，最も悪い計画策定としては，第三者認証審査の前に

内部監査を計画している場合である．これでは，組織の事業活動と分離しており，適切な計画とは言えない．

したがって，事業計画の進展に合わせて内部監査計画を立案することを推奨する．例えば，重要な新製品の設計・開発が6～10月の間であれば，設計・開発プロセス及び相互に関係するプロセスは，この時期に内部監査を計画し，実施する．

**③　内部監査の重要性を認識できていない．**

内部監査にかかわるすべての人々は，内部監査の目的を再認識する必要がある．MS規格に要求事項があるため内部監査をただ単に実施するのではなく，組織が運営管理しているMSの活動状況とその結果が望ましい状況になっているのかを評価することが内部監査であるという認識をする必要がある．したがって，組織が第三者にとやかく言われるのではなく，自律的に問題・課題を検出し，これを改善し，その結果を継続的に達成するための重要なツールとして活用することが大切である．

**④　第三者審査と同じような方法で監査をしている．**

内部監査及び第二者監査は，第三者審査とは根本的に相違していると考えなければならない．第三者審査の審査基準のよりどころはMS規格の要求事項であるが，内部監査の監査基準のよりどころは，MSに関するマニュアルに定義された事項，第二者監査の監査基準のよりどころは，提供者に対する要求事項である．また，第三者審査の基本は適合性評価であるが，内部監査及び第二者監査は適合性だけでなく，MS運用上の問題や改善事項についても指摘を行うことができるという特徴がある．

**⑤　有効性の評価を行っていない．**

MSの成果を含む実施状況を適切に評価するには，決めたことを決めたとおりに実施しているかだけでなく，決めたとおりに実施してその成果が現れているかを確認する必要がある．例えば，不適合品率の目標を0.5％以下と計画し，これを達成するための方法を決め，そのとおり実行したが，結果が0.8％になった場合には，0.5％を達成するための方法が有効でないのか，計画どおりに実施していない可能性がある．このような観点で内部監査を行い，その方法や実施のどこに問題があるか等を検出することが，効果が現れる内部監査になる．

⑥　**指摘事項が枝葉末節なものが多い．**

内部監査の報告書をみると，指摘事項が“なるほどプロセスの活動の弱さを検出した良い指摘である”というものが少ないのが実情である．例えば，記録の日付がない，承認印がない等の指摘があるが，これは本質的なものではない．しかし，外部への提出資料に日付がない，承認印がないことで問題が発生する可能性がある場合には，重要な指摘となることもある．

### 1.2.3　第二者監査の運営上の問題点

第二者監査を実施している組織では，次のような問題を抱えている．

①　**第二者監査の目的が不十分である．**

第二者監査の目的は，提供者のMSの運営管理状況を評価することであるが，組織と提供者とのコミュニケーションを図るという点も考慮しなければ成果を上げることはできない．

したがって，第二者監査では，次のような目的を考慮すべきである．

**a)　提供者とのコミュニケーションの場**

提供者のもとに直接出かけることで，組織と提供者の問題や課題についての情報交換の場を提供することができる．

情報の例としては，次のようなものがある．

・提供者の工程管理，環境管理，情報管理，安全管理などの状況
・調達製品・サービスの検証結果
・調達製品・サービスの品質の傾向
・調達製品・サービスの品質がもたらした最終製品・サービスへの影響

**b)　組織が提示した要求事項に対する適合性の評価**

提供者と契約した調達要求事項が満たされているかどうかを評価する．

**c)　提供者に対する未然防止の機会の提供による品質向上，コスト改善など**

**の指導**

提供者がプロセスのパフォーマンスを含む継続的改善を行っているかを確認し，問題がある場合には適切な指導を行う．具体的には次の事項を考慮する．

・製造工程内の問題点の発掘と改善指導

・プロセスの効果及び効率を高めるための指導

・３ム（ムダ，ムリ，ムラ）の改善指導

・５Ｓ（整理・整頓・清潔・清掃・躾）の改善指導

**d）組織が提示した要求事項の妥当性の評価**

組織が提示している要求事項を，提供者の運営管理の状況を考慮しないで，一方的に押し付けてはいないかという点について検証を行う．

**e）提供者の能力の成熟度レベルの把握**

提供者のMSの有効性を評価することで，成熟度レベルを把握し，改善の機会を提供する．

**f）監査員のMSに関する管理技術や固有技術に関するノウハウの継承**

提供者に製品・サービスをアウトソースしているため，提供者の能力を評価できない場合がある．このような場合には，提供者が確立している管理技術の評価能力や組織が保有していない固有技術の評価能力の低下を防ぐため，同業種の提供者を監査することで，固有技術や管理技術の維持を図ることが可能になる．

**② 第二者監査の効果の把握方法を確立していない．**

第二者監査を行ったことにより，MSの運用管理やパフォーマンスにどのような効果を上げたのかを把握していないことが多いので，表1.1に示すようなKPIを考慮するとよい．

**表 1.1**　第二者監査の効果を示す KPI の例

| すぐに効果が現れる項目 | 成果の把握に時間がかかる項目 |
|---|---|
| ・不適合に対する是正処置件数<br>・改善指摘に対する未然防止対策の実施率<br>・提供者の期待・ニーズに対するフィードバック件数<br>・提供者からの改善提案件数<br>・組織が提示した要求事項の改定件数<br>・管理技術や固有技術に関するノウハウの蓄積 | ・工程内の問題発生状況の推移<br>・提供者起因によるクレーム件数の推移<br>・提供者の品質目標達成率の推移<br>・成熟度レベルの推移 |

**③　監査員の力量が低い．**

監査員は，監査対象のプロセスに関する固有技術と管理技術に関する知識が必要であるが，自組織が保有していない固有技術や管理技術についての知識が乏しいため，適切な監査を行えていない場合がある．このためにも，監査員の力量の開発を行うことが必要である．

## 1.3　監査の仕組み

### 1.3.1　監査の構造

監査は，図 1.1 に示すように，組織が要求事項などの意図に沿って MS を構築しているか否か（意図の適合の評価），組織が定めた MS の仕組みどおりに結果が出ているか否か（実施状況の評価），その結果が期待どおりの結果を生みだしているか否か（有効性の評価）について，監査員が評価を行うという構造になっている．

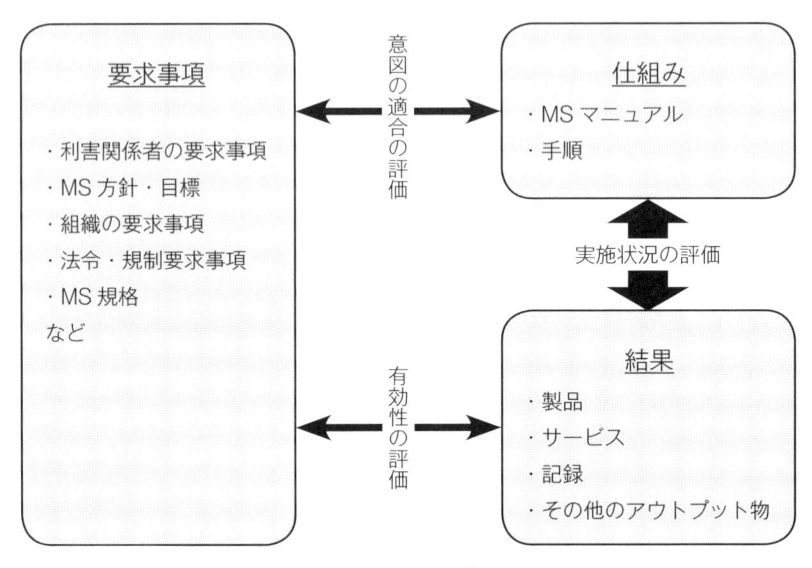


**図 1.1**　監査の構造

したがって，これらを適切に評価できるか否かは監査員の力量に左右されるので，監査員は監査技術について自己研鑽を積むとよい．

### 1.3.2　内部監査に関する要求事項

ISO 9001 では，次に示す事項が要求事項になっているので，内部監査に関する手順を確立することが大切である．なお，1.2.1 に示す附属書 SL との違いは e）が追加されていることである．

JIS Q 9001:2015

**9.2　内部監査**

**9.2.1**　組織は，品質マネジメントシステムが次の状況にあるか否かに関する情報を提供するために，あらかじめ定めた間隔で内部監査を実施しなければならない．

**a）**　次の事項に適合している．

**1）**　品質マネジメントシステムに関して，組織自体が規定した要求事項

**2**)　この規格の要求事項

**b**)　有効に実施され，維持されている．

**9.2.2**　組織は，次に示す事項を行わなければならない．

**a**)　頻度，方法，責任，計画要求事項及び報告を含む，監査プログラムの計画，確立，実施及び維持．監査プログラムは，関連するプロセスの重要性，組織に影響を及ぼす変更，及び前回までの監査の結果を考慮に入れなければならない．

**b**)　各監査について，監査基準及び監査範囲を定める．

**c**)　監査プロセスの客観性及び公平性を確保するために，監査員を選定し，監査を実施する．

**d**)　監査の結果を関連する管理層に報告することを確実にする．

**e**)　遅滞なく，適切な修正を行い，是正処置をとる．

**f**)　監査プログラムの実施及び監査結果の証拠として，文書化した情報を保持する．

**注記**　手引として **JIS Q 19011** を参照．

ISO 14001 では，次に示す事項が要求事項であり，また，附属書 A.9.2 を参考にして，内部監査に関する手順を確立することが大切である．

JIS Q 14001:2015

**9.2　内部監査**

**9.2.1　一般**

組織は，環境マネジメントシステムが次の状況にあるか否かに関する情報を提供するために，あらかじめ定めた間隔で内部監査を実施しなければならない．

**a**)　次の事項に適合している．

**1**)　環境マネジメントシステムに関して，組織自体が規定した要求事項

**2**)　この規格の要求事項

**b**)　有効に実施され，維持されている．

### 9.2.2　内部監査プログラム

組織は，内部監査の頻度，方法，責任，計画要求事項及び報告を含む，内部監査プログラムを確立し，実施し，維持しなければならない．

内部監査プログラムを確立するとき，組織は，関連するプロセスの環境上の重要性，組織に影響を及ぼす変更及び前回までの監査の結果を考慮に入れなければならない．

組織は，次の事項を行わなければならない．

**a**）　各監査について，監査基準及び監査範囲を明確にする．

**b**）　監査プロセスの客観性及び公平性を確保するために，監査員を選定し，監査を実施する．

**c**）　監査の結果を関連する管理層に報告することを確実にする．

組織は，監査プログラムの実施及び監査結果の証拠として，文書化した情報を保持しなければならない．

### 附属書

### A.9.2　内部監査

監査員は，実行可能な限り，監査の対象となる活動から独立した立場にあり，全ての場合において偏り及び利害抵触がない形で行動することが望ましい．

内部監査において特定された不適合は，適切な是正処置をとる必要がある．

前回までの監査の結果を考慮するに当たって，組織は，次の事項を含めることが望ましい．

**a**）　これまでに特定された不適合，及びとった処置の有効性

**b**）　内部監査及び外部監査の結果

内部監査プログラムの確立，環境マネジメントシステムの監査の実施，及び監査要員の力量の評価に関する更なる情報は，JIS Q 19011 に示されている．変更のマネジメントの一部としての内部監査プログラムに関する情報を，A.1 に示す．

**A.1（一部抜粋）**

変更のマネジメントの一環として，組織は，計画した変更及び計画していない変更について，それらの変更による意図しない結果が環境マネジメントシステムの意図した成果に好ましくない影響を与えないことを確実にするために，取り組むことが望ましい．変更の例には，次の事項が含まれる．

— 製品，プロセス，運用，設備又は施設への，計画した変更
— スタッフの変更，又は請負者を含む外部提供者の変更
— 環境側面，環境影響及び関連する技術に関する新しい情報
— 順守義務の変化

ISO/IEC 27001では，次に示す事項が要求事項になっているので，内部監査に関する手順を確立することが大切である．

JIS Q 27001:2014

**9.2　内部監査**

組織は，ISMSが次の状況にあるか否かに関する情報を提供するために，あらかじめ定めた間隔で内部監査を実施しなければならない．

**a**）次の事項に適合している．
　**1**）ISMSに関して，組織自体が規定した要求事項
　**2**）この規格の要求事項
**b**）有効に実施され，維持されている．

組織は，次に示す事項を行わなければならない．

**c**）頻度，方法，責任及び計画に関する要求事項及び報告を含む，監査プログラムの計画，確立，実施及び維持．監査プログラムは，関連するプロセスの重要性及び前回までの監査の結果を考慮に入れなければならない．
**d**）各監査について，監査基準及び監査範囲を明確にする．
**e**）監査プロセスの客観性及び公平性を確保する監査員を選定し，監査を実施する．

**f**） 監査の結果を関連する管理層に報告することを確実にする．

**g**） 監査プログラム及び監査結果の証拠として，文書化した情報を保持する．

ISO 45001では，次に示す事項が要求事項になっているので，内部監査に関する手順を確立することが大切である．なお，1.2.1に示す附属書SLとの違いはd）の一部とe）が追加されていることである．

JIS Q 45001:2018

**9.2　内部監査**

**9.2.1　一般**

組織は，労働安全衛生マネジメントシステムが次の状況にあるか否かに関する情報を提供するために，あらかじめ定めた間隔で，内部監査を実施しなければならない．

**a**） 次の事項に適合している．

　**1**） 労働安全衛生方針及び労働安全衛生目標を含む，労働安全衛生マネジメントシステムに関して，組織自体が規定した要求事項

　**2**） この規格の要求事項

**b**） 有効に実施され，維持されている．

**9.2.2　内部監査プログラム**

組織は，次に示す事項を行わなければならない．

**a**） 頻度，方法，責任，協議並びに計画要求事項及び報告を含む，監査プログラムの計画，確立，実施及び維持．監査プログラムは，関連するプロセスの重要性及び前回までの監査の結果を考慮に入れなければならない．

**b**） 各監査について，監査基準及び監査範囲を明確にする．

**c**） 監査プロセスの客観性及び公平性を確保するために，監査員を選定し，監査を実施する．

**d**） 監査の結果を関連する管理者に報告することを確実にする．関連する

監査結果が，働く人及び働く人の代表（いる場合），並びに他の関係する利害関係者に報告されることを確実にする．

**e**）不適合に取り組むための処置をとり，労働安全衛生パフォーマンスを継続的に向上させる（箇条**10**参照）．

**f**）監査プログラムの実施及び監査結果の証拠として，文書化した情報を保持する．

**注記**　監査及び監査員の力量に関する詳しい情報は，**JIS Q 19011**を参照．

### 1.3.3　適合性監査と有効性監査

#### (1)　適合性監査

適合性監査とは，被監査者が構築し，運営管理しているMSが要求事項を満たしていれば適合と判断し，満たしていなければ不適合と判断することである．このため，監査では被監査者が要求事項を満たしたMSを構築し，運営管理しているという証拠を収集し，その結果を評価することが基本であり，不適合を検出することを主眼としてはいない．

#### (2)　有効性監査

しかし，適合性監査だけでは，MSの評価を行うには不十分である．なぜならば，要求事項どおりに行っているが，その手順を改善した方か効果的であると判断する場合があり得る．また，その作業手順ではリスクがあり得るので，リスクへの対応を行った方が問題発生を未然に防ぐことができると判断する場合があり得る．このような判断をすることが有効性監査である．

有効性監査には，次に示すプロセスの有効性とMSの有効性がある．

#### (a)　プロセスの有効性

有効性の定義は，計画した活動が実行され，計画した結果が達成された程度であるので，計画とはプロセスの資源，活動，管理に関する手順に該当し，計画した結果とはプロセスの目標に該当する．すなわち，決められた手順どおりに作業を実行し，当初設定した目標を達成していれば有効であると言える．

例えば，製造プロセスで，製品Ａの不適合品率の目標を0.5％以下として作業手順どおりに作業を行い，その結果が0.4％であった場合には，製造プロセスは有効であると判定する．しかし，結果が0.6％であった場合には，この結果になった要因がプロセスのどのような活動の計画又は実行にあるのかを監査員は検出する必要がある．これがプロセスに関する有効性の監査技術である．

**(b)　MSの有効性**

計画とはMSの計画に基づいて，そのとおり実行し，MSの目標を達成していれば，MSが有効であると言える．

例えば，MSの品質目標が顧客満足度80％以上であった場合には，MSの計画に従って活動を行い，その結果が85％であった場合には，MSは有効であると判定する．しかし，結果が75％であった場合には，この結果になった要因がどのプロセスの計画又は実行にあるのかを監査員は検出する必要がある．これがMSに関する有効性の監査技術である．

## 1.4　監査にかかわる人々の役割

監査は組織の人々が関係しているので，これらの人々が自分の役割を十分認識している必要がある．以下に関連する人々の役割を示す．

### (1)　トップマネジメント

内部監査で最も重要な役割を果たさなければならないのは，トップマネジメントである．なぜならば，“XX MSの採用は組織の戦略上の決定によることが望ましい”とISO 9001，ISO/IEC 27001，ISO 45001の序文に述べてある．戦略ということであれば，当然トップマネジメントが決定を行うことになる．また，事業計画の責任者もトップマネジメントであることを考えると，MSの運営管理の最高責任者もトップマネジメントになる．したがって，トップマネジメント自身がMSのパフォーマンスを評価し，問題があれば適切な指示を関係者に提示し，改善させることで，結果が出るように導く必要がある．

しかし，トップマネジメント自身でMSの活動状況すべてを評価することは時間的・空間的にも困難であるので，内部監査員が評価を行うという形態になる．したがって，トップマネジメントは，自分の代わりに内部監査員を使ってMSを評価することが基本的な考え方であることを認識する必要がある．このため，内部監査員に対して，トップマネジメントの代行者として監査を行う必要があるとの認識をさせることが大切である．

このため，トップマネジメントは，次の事項を考慮する必要がある．

・MSの運営管理の最高責任者であるという認識を持つ．
・内部監査員を使ってMSを評価することが基本的な考え方であることを認識する．
・内部監査員に対して，トップマネジメントの代行者として監査を行う必要があるとの認識をさせる．
・内部監査を目標達成のためのツールと位置付け，事業活動及びその結果の評価に用いる．
・内部監査員の力量の維持・開発を積極的に行う．
・内部監査員に対して，内部監査の実施前に内部監査に対する考え方及び活用について表明する．
・監査終了後，内部監査員から監査結果について簡単な説明を受ける．

以上のことを実践することで，内部監査員のモチベーションを高めることになる．

### (2) 管理責任者

管理責任者は，トップマネジメントからMSの運営管理に関する責任と権限を与えられているので，適切にこれを行使しなければならない．責任と権限を与えられているということは，トップマネジメントにMSの運営管理状況を正確に報告する義務がある．この報告のツールの一つが内部監査であるので，これを重点活動に位置付ける必要がある．

したがって，管理責任者は，内部監査が目的に対して機能しているかどうかを常に監視することが大切である．

このため，管理責任者は，次の事項を考慮する必要がある．

・監査目的に対して内部監査が，機能しているかどうかを評価する．

・内部監査員の育成を図る．

・内部監査の監視を行う．

・内部監査の結果をトップマネジメントに正確に報告する．

第二者監査では，調達部門が監査事務局になる場合が多く，この責任者が提供者のMSの運営管理状況を把握し，これらの情報から提供者の選定や発注量調整に活用するので監査結果のMSの能力分析を行う必要がある．

### (3)　監査事務局

監査事務局は，監査プログラムの運営管理に関する機能を保有しており，これを効果的で，効率的になるように実行する必要がある．しかし，監査の成果を左右するのは監査員であるので，監査員の力量を評価し，これを維持・開発するための仕組みづくりを行う必要がある．

監査事務局は，次の事項を考慮する必要がある．

・監査計画を立案する．

・監査プロセスに適切な監査員の選定を行う．

・監査員に対する監査の支援を行う．

・指摘事項に対するフォローを行う．

### (4)　監査員

内部監査は，一般的に組織内の特定の要員（品質保証部門，環境管理部門，IT部門，総務部門）が行うわけではなく，関連する部門の人々で行われているので，内部監査員には，自部署に課せられた責任及び権限とは関係ないと考えている人が多い．その結果，内部監査員に指名されたから仕方なく実施していると考えており，やらされ感が強くなり，私は忙しいので，できれば監査員になりたくないという考え方になっている．したがって，内部監査に対する考え方が貧弱になっており，成果を期待することは困難である．

このような事態にならないためには，分課分掌規程などで，全ての部門で内部監査員としての活動の責任と権限があることを明記する必要がある．

内部監査員は，次の事項を考慮する必要がある．

・内部監査は，業務の一環であることを認識する．

・内部監査の手順を順守する．

・監査技術の維持・向上に努める．

第二者監査員は，設計・開発，製造技術，品質保証，調達などの各部門の人から構成されるため，それぞれの専門の立場で監査を行うことになる．

監査活動は１名で行う場合よりも２名以上で行うことが多く，チームとしての活動を行うので，監査チームリーダーと監査メンバーの役割を明確にしておくとよい．監査活動における，監査チームリーダー及び監査メンバーの役割を表 1.2 に示す．

### (5)　被監査者

監査は監査員だけでできるわけではなく，被監査者が存在して成り立つものである．したがって，被監査者の協力がなければ効果的で，効率的な監査を行うことはできないので，監査員との共同作業を行うという認識をする必要がある．

また，監査員が検出した不適合，問題点，改善指摘事項に対して速やかな対応をする必要があり，やらされているという被害者意識にならないことが重要である．したがって，自分自身でプロセスの活動状況を評価するには，時間をかける必要があり，自分の判断で甘くなることも考えられるので，監査を活用しようという意識を持つことが大切である．

**表 1.2**　監査活動と監査メンバー及び監査チームリーダーの役割

| 監査活動 | 監査メンバー | 監査チームリーダー |
| --- | --- | --- |
| 被監査者との最初の連絡 | | ○ |
| 文書レビューの実施 | ○ | ○ |
| 監査計画の作成 | | ○ |
| 監査チームへの作業の割当て | | ○ |
| 作業文書の作成 | ○ | ○ |
| 初回会議の開催 | | ○ |
| 監査中の連絡 | | ○ |
| 情報の収集及び検証 | ○ | ○ |
| 監査所見の作成 | ○ | ○ |
| 監査結論の作成 | | ○ |
| 最終会議の開催 | | ○ |
| 監査報告書の作成 | | ○ |
| 監査のフォローアップの実施 | ○ | ○ |

被監査者は，次の事項を考慮する必要がある．

・監査に協力をする．

・指摘事項は時間をかけないで，適切に対応する．

## 1.5　内部監査，第二者監査，及び第三者審査の関係

内部監査と第二者監査は，組織が行うものであり，基本的な考え方は同じであるが，第三者審査は認証するという機能があるという点で大きな違いがある．内部監査・第二者監査と第三者審査の特徴を表 1.3 に示す．

**表 1.3** 内部監査・第二者監査と第三者審査の特徴

| 項目 | 内部監査と第二者監査 | 第三者審査 |
|---|---|---|
| 監査計画 | 事業活動に合わせて決める | 審査時期が指定される |
| 監査の範囲 | MS 全てを対象にできる | サーベイランス審査では全てが対象ではない |
| 監査時間 | 自由に決められる | 決められた時間 |
| 監査の視点 | 効果及び効率の視点<br>適合性，問題・課題の検出 | 効果の視点<br>適合性 |
| 組織の業務知識 | 経験による深い知識 | 浅い知識 |

## 1.6 監査員の力量

力量とは，知識及び技能を適用する能力のことであるので，監査員は監査に必要な知識と技能を保有する必要がある．

### (1) 知識

組織の MS では，固有技術（製品・サービス提供のために必要な技術：設計技術，金型技術，メッキ技術，応対技術など）と管理技術（製品・サービスを一定水準に保つために必要な技術：方針管理，日常管理，プロセス管理，生産管理，品質管理，改善管理，標準管理など）とを組み合わせてプロセスの運営管理を行っている．したがって，監査員はこれらの知識を保有することが大切である．

### (2) 技能

監査を行うためには，次に示す基本的な技能と応用的な技能が必要である．

#### (a) 基本的な技能

・観察技術（事実を的確に把握，ばらつきに着目）

⇒活動状況やアウトプットに着目する

・サンプリング技術（母集団の代表となるものを選ぶ）

⇒記録を含む文書はすべて確認する必要はないが，偏りがないようサンプルする

・質問技術（相手の言葉で話す，相手の話をよく聴く）

⇒被監査者が日常使用している言葉で質問する

・チェックリスト･チェックシート作成技術（質問事項を事前に検討しておく）

⇒被監査部門の活動状況から重要な要素を事前に抽出する

・評価技術（監査基準と監査証拠の対照）

⇒判断基準は決められた手順であり，監査員の主観ではない

・記録技術（when，where，who，what，how）

⇒後で報告書を書く際に必要な情報をメモにする

・是正処置の評価技術（不適合に対する是正処置を評価する）

⇒原因の明確化，水平展開，対策の内容を分析する

**(b)　応用的な技能**

・プロセスアプローチの技術（プロセスの相互作用を評価する）

⇒プロセスの相互作用に関する情報を収集する方法を理解して，判断する

・有効性の評価技術（プロセス及びMSのアウトプットからプロセスの機能を評価する）

⇒プロセス保証のために，どのような機能が必要なのかを理解して，判断する

# 第2章　ISO 19011の解説

## 2.1 “序文”の解説

JIS Q 19011:2019

**序文**

（略）

**JIS Q 19011**:2012を発効して以降，多くの新しいマネジメントシステム規格が発効されてきており，その多くが共通の構造，共通の中核となる要求事項，並びに共通の用語及び中核となる定義をもっている．結果として，より共通的な手引を与えることに加え，マネジメントシステム監査へのより幅広いアプローチを考慮する必要がある．監査結果は，事業計画策定の分析の側面に対してインプットを提供し，改善の必要性及び活動の特定に寄与することができる．

監査は，様々な監査基準の，個別又は組合せに対して行うことができる．この監査基準には次の事項を含むが，これらに限らない．

— 一つ又は複数のマネジメントシステム規格で定める要求事項
— 関連する利害関係者が規定する方針及び要求事項
— 法令・規制要求事項
— 組織又は他の関係者が定めた一つ又は複数のマネジメントシステムプロセス
— マネジメントシステムの特定のアウトプットの提供に関係するマネジメントシステムの計画（例えば，品質計画，プロジェクト計画）

この規格は，全ての規模及びタイプの組織，並びに様々な範囲及び規模の監査に対して，手引を提供する．これには，一般的に更に大規模な組織で大規模監査チームが行う監査，及び組織規模の大小に関わりなく単独の監査員が行う監査が含まれる．この手引は，監査プログラムの範囲，複雑性及び規模に適切に対応させることが望ましい．

この規格は，内部監査（第一者），並びに組織が組織の外部提供者及びその他の外部利害関係者（第二者）に対して行う監査に焦点を合わせている．この規格はまた，第三者マネジメントシステム認証以外の目的で行う外部監査においても有用となり得る．**JIS Q 17021-1** は，認証を目的としたマネジメントシステムの監査における要求事項を提供する．この規格は，有用な追加的な手引を提供し得る（**表1** 参照）．

**表1—監査のタイプ**

| 第一者監査 | 第二者監査 | 第三者監査 |
|---|---|---|
| 内部監査 | 外部提供者監査 | 認証審査及び／又は認定監査 |
| | 他の外部利害関係者による監査 | 法令，規制及び類似の監査 |

この規格は，幅広い潜在的利用者に適用することを意図している．この潜在的利用者には，監査員，マネジメントシステムを実施する組織，及び契約上の又は規制上の理由によってマネジメントシステム監査の実施が必要な組織を含む．一方で，この規格の利用者は，利用者自身の監査に関連する要求事項を作成するときにこの手引を適用することができる．

この規格に示す手引はまた，自己宣言のために利用することもでき，さらに，監査員の研修機関又は要員認証機関にとっても有用となり得る．

この規格に示す手引は，柔軟性のあることを意図している．規格本文の様々な箇所で示すように，この手引の利用の仕方は，監査の対象となる組織のマネジメントシステムの規模及び成熟度に応じて変わり得る．また，監査の対象となる組織の性質及び複雑さ，並びに実施する監査の目的及び範囲も考慮することが望ましい．

この規格は，異なった分野の複数のマネジメントシステムを一緒に監査する場合，複合監査のアプローチを取り入れている．これらのシステムを一つのマネジメントシステムに統合する場合，監査の原則及びプロセスは，複合監査（統合監査といわれることもある）の場合と同じである．

この規格は，監査プログラムのマネジメント，マネジメントシステム監査の計画及び実施，並びに監査員及び監査チームの力量及び評価に関する手引を提供している．

この規格は，組織の MS の評価を行うための内部監査と組織が提供者の MS を評価するための第二者監査の方法についてのガイドラインである．このため，このガイドラインを参照して，内部監査や第二者監査に関する手順を定めることが効果的である．

## 2.2　箇条 1　“適用範囲”の解説

JIS Q 19011:2019

**1　適用範囲**

この規格は，マネジメントシステム監査のための手引を提供する．これには，監査の原則，監査プログラムのマネジメント，マネジメントシステム監査の実施，並びに監査プロセスに関わる人の力量の評価を含む．これらの活動には，監査プログラムをマネジメントする人，監査員及び監査チームを含む．

この規格は，マネジメントシステムの内部監査若しくは外部監査を計画し，行う必要のある，又は監査プログラムのマネジメントを行う必要のある全ての組織に適用できる．

この規格を他のタイプの監査に適用することも可能ではあるが，その場合は，必要とされる固有の力量について特別な考慮が必要となる．

（略）

この規格は要求事項ではなく指針であるので，これを組織がどのように利用するかを考えることが大切である．内部監査や第二者監査に関するプロセスを構築している組織は，この規格を理解した上で組織の事業環境を考慮し，この規格で示されている監査プログラムの要素から組織にとって必要なものを採用することで，監査プログラムが効果的で効率的になる．

## 2.3　箇条3 “用語及び定義”の解説

JIS Q 19011:2019

**3.1**

**監査**（audit）

**監査基準**（**3.7**）が満たされている程度を判定するために，**客観的証拠**（**3.8**）を収集し，それを客観的に評価するための，体系的で，独立し，文書化したプロセス．

**注記1**　内部監査は，第一者監査と呼ばれることもあり，その組織自体又は代理人によって行われる．

**注記2**　外部監査には，一般的に第二者監査及び第三者監査と呼ばれるものが含まれる．第二者監査は，顧客など，その組織に利害をもつ者又はその代理人によって行われる．第三者監査は，適合に関する認証・登録を提供する機関又は政府機関のような，独立した監査組織によって行われる．

（出典：**JIS Q 9000**:2015の**3.13.1**を変更．**注記**を変更した．）

監査の語源はラテン語の“Audier”であり，相手の説明をよく“聴く”という意味である．“監査基準が満たされている程度を判定する”とは，監査基準と監査対象の結果を対照して，監査基準に合致しているか又は合致していないのかの判断を下すことである．

監査の種類には，組織又はその代理人（コンサルタントなど）が行う第一者監査すなわち内部監査，顧客又はその代理人（コンサルタントなど）が行う第二者監査がある．

内部監査で MS の適合を自己宣言するためには，監査の成熟度を高める必要がある．

第二者監査とは組織の要求事項が監査基準であり，組織の要求事項への適合の程度，MS の有効性，改善指摘に関する情報から供給者の MS を評価するものである．

JIS Q 19011:2019

**3.2**

**複合監査**（combined audit）

一つの**被監査者**（**3.13**）において，複数の**マネジメントシステム**（**3.18**）を同時に**監査**（**3.1**）すること．

**注記**　複数の分野固有のマネジメントシステムを単一のマネジメントシステムに統合する場合，これは統合マネジメントシステムと呼ばれる．

（出典：**JIS Q 9000**:2015 の **3.13.2** を変更．）

MS に関する規格が数多く開発されていることで，これを適用している組織は，個々の MS 規格ごとに監査を行うことは効率的でないので，複数の MS 規格に対する監査を同時に行うことを複合監査と定義している．注記は，例えば，ISO 9001，ISO 14001，ISO/IEC 27001，ISO 45001 などを統合している MS に関する監査のことを説明している．

JIS Q 19011:2019

**3.3**

**合同監査**（joint audit）

複数の**監査**（**3.1**）する組織が一つの**被監査者**（**3.13**）を監査すること．

（出典：**JIS Q 9000**:2015 の **3.13.3**）

合同監査の例としては，A事業部とB事業部がC社から部品を購入している場合に，ここに第二者監査を行うとC社は個別の対応を行う必要があり，両者にとって効率的でないので，A事業部とB事業部が合同でC社を監査するという方法がある．

JIS Q 19011:2019

**3.4**

**監査プログラム**（audit programme）

特定の目的に向けた，決められた期間内で実行するように計画された一連の**監査**（**3.1**）に関する取決め．

（出典：**JIS Q 9000**:2015の**3.13.4**を変更．定義に語句を追加した．）

監査に関する取決めには，例えば，内部監査規程，第二者監査規程などに関する取決めがあり，監査計画と同じでないことに注意する必要がある．“図1—監査プログラムの管理のためのプロセスフロー”（P54）を参照のこと．

JIS Q 19011:2019

**3.5**

**監査範囲**（audit scope）

**監査**（**3.1**）の及ぶ領域及び境界．

**注記1** 監査範囲には，一般に，物理的及び仮想的な場所，機能，組織単位，活動，プロセス，並びに監査の対象となる期間を示すものを含む．

**注記2** 仮想的な場所とは，オンライン環境を用いて，組織が作業を実施する，又はサービスを提供する場所のことであり，その環境では，人が物理的な場所にかかわらずプロセスを実行することを可能にする．

（出典：**JIS Q 9000**:2015の**3.13.5**を変更．**注記1**を変更し，**注記2**を追加した．）

監査計画を作成する際に，部署，場所，プロセス，いつからいつまでの期間などの対象を決めたものが監査範囲である．

JIS Q 19011:2019

**3.6**

**監査計画**（audit plan）

**監査**（**3.1**）のための活動及び手配事項を示すもの．

（出典：**JIS Q 9000**:2015 の **3.13.6**）

一般的には，監査計画書を作成する．監査計画には，定期的なものと臨時的なものがあり，監査の目的，監査範囲，監査時間，監査員名などを明記することが大切である．

JIS Q 19011:2019

**3.7**

**監査基準**（audit criteria）

**客観的証拠**（**3.8**）と比較する基準として用いる一連の**要求事項**（**3.23**）．

**注記 1**　監査基準が法的（法令・規制を含む．）要求事項である場合，**監査所見**（**3.10**）において“順守”又は“不順守”の用語がしばしば用いられる．

**注記 2**　要求事項には，方針，手順，作業指示，法的要求事項，契約上の義務などを含んでもよい．

（出典：**JIS Q 9000**:2015 の **3.13.7** を変更．定義を変更し，**注記 1** 及び**注記 2** を追加した．）

監査基準とは，監査結果の適合又は不適合を判断するよりどころとなるものである．監査基準には，MS に関する方針・目標，顧客要求事項，MS に関するマニュアル，規程類，法的・規制要求事項，MS 規格，供給者への要求事項など MS 構築に必要な要求事項がある．

JIS Q 19011:2019

**3.8**

**客観的証拠**（objective evidence）

あるものの存在又は真実を裏付けるデータ．

**注記 1** 客観的証拠は，観察，測定，試験又はその他の手段によって得ることができる．

**注記 2** **監査**（**3.1**）のための客観的証拠は，一般に，**監査基準**（**3.7**）に関連し，かつ，検証できる，記録，事実の記述又はその他の情報から成る．

（出典：**JIS Q 9000**:2015 の **3.8.3**）

客観的とは，特定の立場にとらわれず，物事を見たり考えたりするさまのことであるので，客観的証拠とは，事実に基づいた証拠のことである．

JIS Q 19011:2019

**3.9**

**監査証拠**（audit evidence）

**監査基準**（**3.7**）に関連し，かつ，検証できる，記録，事実の記述又はその他の情報．

（出典：**JIS Q 9000**:2015 の **3.13.8**）

監査証拠とは，監査基準に適合しているのか，適合していないのかを決めるための確固たる証拠のことである．このため，監査証拠は監査した結果に関する情報であり，MS及びプロセスの適合性評価を示すために明確な事実でトレーサブルでなければならない．すなわち，仕事の結果として出てくる記録や責任者が自分の責任・権限に関して行った説明などの情報が証拠になる．

JIS Q 19011:2019

**3.10**

**監査所見**（audit findings）

収集された**監査証拠**（**3.9**）を，**監査基準**（**3.7**）に対して評価した結果．

**注記 1**　監査所見は，**適合**（**3.20**）又は**不適合**（**3.21**）を示す．

**注記 2**　監査所見は，リスク若しくは改善の機会の特定，又は優れた実践事例の記録を導き得る．

**注記 3**　監査基準が法令要求事項又は規制要求事項から選択される場合，監査所見は“順守”又は“不順守”と呼ばれる．

（出典：**JIS Q 9000**:2015 の **3.13.9** を変更．**注記 2** 及び**注記 3** を変更した．）

監査所見とは，監査証拠と監査基準を比較した結果から得られた情報のことである．したがって，不適合だけが監査所見ではないことに注意が必要である．なお，監査では改善事項が数多く発見できた方が組織の MS の改善に寄与するので，監査員は適合性評価だけでなく改善事項についても積極的に指摘することが大切である．なお，ISO 9004:2018 の“10.5　内部監査”では，“以前に特定された問題及び不適合の解決に関する進捗状況を監視するだけでなく，問題，不適合，リスク及び機会を特定するための効果的なツールである．また，内部監査は，優れた実践の特定及び改善の機会に焦点を合わせることもできる．”としている．

JIS Q 19011:2019

**3.11**

**監査結論**（audit conclusion）

**監査**（**3.1**）目的及び全ての**監査所見**（**3.10**）を考慮した上での，監査の結論．

（出典：**JIS Q 9000**:2015 の **3.13.10**）

監査結論とは，一般的には監査対象に関する監査の総合的な結論のことであり，監査報告書としてまとめを記述したものである．監査報告書には個別の指摘事項だけでなく，被監査者の MS 活動の結果についての強み・弱みを明確化することも必要である．また，この報告書が被監査者の改善活動を開始する機会をもたらすことになる．

JIS Q 19011:2019

**3.12**

**監査依頼者**（audit client）

**監査**（**3.1**）を要請する組織又は個人．

**注記**　内部監査の場合，監査依頼者は，**被監査者**（**3.13**）又は監査プログラムをマネジメントする人でもあり得る．外部監査の要請は，規制当局，契約当事者，潜在的な依頼者又は既存の依頼者からあり得る．

（出典：**JIS Q 9000**:2015 の **3.13.11** を変更．**注記**を追加した．）

監査依頼者とは，監査実施の決裁権を持っている人であり，内部監査の実施を指示する人，例えばトップマネジメントや MS の管理責任者などが該当し，この監査依頼者が内部監査の開始の指示を行うことになる．第二者監査では，提供者への監査に関する責任・権限を持った管理者，例えば調達部長などが該当する．

JIS Q 19011:2019

**3.13**

**被監査者**（auditee）

監査される，組織の全体又はその一部．

（出典：**JIS Q 9000**:2015 の **3.13.12** を変更．）

被監査者とは監査される部門などのことであり，一般的には被監査部門と呼称する場合が多い．なお，被監査者は監査が改善の機会を与えるものであり，この重要性を十分認識することで監査の活用を図ることができるので，被監査者は監査が効果的かつ効率的に行われるように，監査員に対して情報提供などの協力を行う必要がある．

JIS Q 19011:2019

**3.14**

**監査チーム**（audit team）

**監査**（**3.1**）を行う個人又は複数の人．必要な場合は，**技術専門家**（**3.16**）による支援を受ける．

**注記1** **監査チーム**（**3.14**）の中の一人の**監査員**（**3.15**）は，監査チームリーダーに指名される．

**注記2** 監査チームには，訓練中の監査員を含めることができる．

（出典：**JIS Q 9000**:2015 の **3.13.14**）

監査チームとは1人以上の人数で被監査者に対して監査を実施するチームのことである．また，チームの統括者をチームリーダーと呼び，監査中はチームリーダーのもとで監査を実施する．なお，問題が発生した場合には，チームリーダーが解決にあたる責任がある．訓練中の監査員とは，監査員になるための経験を積むためにチームに参画している監査メンバーのことである．

JIS Q 19011:2019

**3.15**

**監査員**（auditor）

**監査**（**3.1**）を行う人．

（出典：**JIS Q 9000**:2015 の **3.13.15**）

監査を行う人は，力量が必要である．監査が有効に行われるかどうかは監査員の力量に左右されるので，監査員は重要な役割を持たされているという認識のもとで監査活動を行うことが大切である．

JIS Q 19011:2019

**3.16**

**技術専門家**（technical expert）

＜監査＞**監査チーム**（**3.14**）に特定の知識又は専門的技術を提供する人．

**注記1**　特定の知識又は専門的技術とは，監査される組織，活動，プロセス，製品，サービス若しくは監査する分野に関係するもの，又は言語若しくは文化に関係するものである．

**注記2**　**監査チーム**（**3.14**）に対する技術専門家は，**監査員**（**3.15**）としての行動はしない．

（出典：**JIS Q 9000**:2015の**3.13.16**を変更．**注記1**及び**注記2**を変更した．）

監査チームの専門性の知識が不足している場合には，技術専門家を同行させることができる．ただし，技術専門家は監査チームに対して専門性についてのみの助言を与えることができるが，監査業務を行うことはできない．

JIS Q 19011:2019

**3.17**

**オブザーバ**（observer）

**監査チーム**（**3.14**）に同行するが，**監査員**（**3.15**）として行動しない人．

（出典：**JIS Q 9000**:2015の**3.13.17**を変更．）

オブザーバには，トレーニング中の監査員候補者などが該当する．この人は監査を行うわけではないので，監査員の活動に対する影響を与えてはならない．

JIS Q 19011:2019

**3.18**

**マネジメントシステム**（management system）

方針及び目的（又は目標），並びにその目的（又は目標）を達成するための**プロセス**（**3.24**）を確立するための，相互に関連する又は相互に作用する，組織の一連の要素．

**注記1**　一つのマネジメントシステムは，例えば，品質マネジメント，財務マネジメント，環境マネジメントなど，単一又は複数の分野を取り扱うことができる.

**注記 2**　マネジメントシステムの要素は，目的（又は目標）を達成するための，組織の構造，役割及び責任，計画策定，運用，方針，慣行，規則，信条，目的（又は目標），並びにプロセスを確立する.

**注記 3**　マネジメントシステムの適用範囲としては，組織全体，組織内の固有で特定された機能，組織内の固有で特定された部門，複数の組織の集まりを横断する一つ又は複数の機能，などがあり得る.

（出典：**JIS Q 9000**:2015 の **3.5.3** を変更.）

MS を構築し，これを運営管理するためには，方針と目標を定めて目標達成するための MS を設計する必要がある．したがって，監査は MS が対象になる．MS には，QMS，EMS，ISMS，OHSMS などがあり，個々に運営管理されている場合や統合して運営管理している場合がある．複数の MS を構築し，運営管理している組織は，統合した MS へ移行することを推奨する.

JIS Q 19011:2019

**3.19**

**リスク**（risk）

不確かさの影響.

**注記 1**　影響とは，期待されていることから，好ましい方向又は好ましくない方向にかい（乖）離することをいう.

**注記 2**　不確かさとは，事象，その結果及びその起こりやすさに関する，情報，理解又は知識に，たとえ部分的にでも不備がある状態をいう.

**注記 3**　リスクは，起こり得る事象（**JIS Q 0073**:2010 の **3.5.1.3** の定義を参照.）及び結果（**JIS Q 0073**:2010 の **3.6.1.3** の定義を参照.），又はこれらの組合せについて述べることによって，その特徴を示すことが多い.

**注記4**　リスクは，ある事象（その周辺状況の変化を含む.）の結果とその発生の起こりやすさ（**JIS Q 0073**:2010 の **3.6.1.1** の定義を参照.）との組合せとして表現されることが多い.

（出典：**JIS Q 9000**:2015 の **3.7.9** を変更. **注記5** 及び**注記6** を削除した.）

監査活動においては，監査員が急に出張にでかけたので監査をすることができなくなる，MS に関する重大な問題が発生しているなどのような数多くのリスクが存在する．これらのリスクを考慮した監査計画を策定して，監査活動を行うことが大切である.

JIS Q 19011:2019

**3.20**

**適合**（conformity）

**要求事項**（**3.23**）を満たしていること.

（出典：**JIS Q 9000**:2015 の **3.6.11** を変更. **注記1** 及び**注記2** を削除した.）

要求事項には，製品要求事項，顧客要求事項，提供者への要求事項，法的・規制要求事項，MS 規格要求事項などがあり，監査の結果からこれらの要求事項を満たしていれば適合と判断する.

JIS Q 19011:2019

**3.21**

**不適合**（nonconformity）

**要求事項**（**3.23**）を満たしていないこと.

（出典：**JIS Q 9000**:2015 の **3.6.9** を変更. **注記**を削除した.）

監査の結果から要求事項を満たしていなければ不適合と判断する.

JIS Q 19011:2019

**3.22**

**力量**（competence）

意図した結果を達成するために，知識及び技能を適用する能力.

（出典：**JIS Q 9000**:2015 の **3.10.4** を変更. **注記 1** 及び**注記 2** を削除した.）

監査員は監査を効果的に実施するために，監査に関する個人的な特質や知識が必要であり，監査員の評価を行うことが大切である. 力量の低い監査員が監査を行っている組織では，改善が進まず形式的な監査を行うことになる. ひいてはMS規格が役に立たないという結論に至る危険性がある.

JIS Q 19011:2019

**3.23**

**要求事項**（requirement）

明示されている，通常暗黙のうちに了解されている又は義務として要求されている，ニーズ又は期待.

**注記 1**　“通常暗黙のうちに了解されている”とは，対象となるニーズ又は期待が暗黙のうちに了解されていることが，組織及び利害関係者にとって慣習又は慣行であることを意味する.

**注記 2**　規定要求事項とは，例えば，文書化した情報の中で明示されている要求事項をいう.

（出典：**JIS Q 9000**:2015 の **3.6.4** を変更. **注記 3**～**注記 6** を削除した.）

監査では，要求事項が監査基準になる.

JIS Q 19011:2019

**3.24**

**プロセス**（process）

インプットを使用して意図した結果を生み出す，相互に関連する又は相互に作用する一連の活動.

（出典：**JIS Q 9000**:2015の**3.4.1**を変更. **注記1～注記6**を削除した.）

監査では，インプットを使用して結果を生み出すプロセスを評価することも大切である.

JIS Q 19011:2019

**3.25**

**パフォーマンス**（performance）

測定可能な結果.

**注記1**　パフォーマンスは，定量的又は定性的な所見のいずれにも関連し得る.

**注記2**　パフォーマンスは，活動，**プロセス**（**3.24**），製品，サービス，システム，又は組織の運営管理に関連し得る.

（出典：**JIS Q 9000**:2015の**3.7.8**を変更. **注記3**を削除した.）

プロセスやMSの活動状況を評価する際の指標（管理項目）に基づくものである.

JIS Q 19011:2019

**3.26**

**有効性**（effectiveness）

計画した活動を実行し，計画した結果を達成した程度.

（出典：**JIS Q 9000**:2015の**3.7.11**を変更. **注記**を削除した.）

計画どおりの活動が行われ計画どおりに結果が出ていれば有効性があると判断する.

## 2.4　箇条 4　“監査の原則”の解説

JIS Q 19011:2019

**4　監査の原則**

監査は幾つかの原則に準拠しているという特徴がある．これらの原則は，組織がそのパフォーマンス改善のために行動できる情報を監査が提供することによって，マネジメントの方針及び管理業務を支援する有効な，かつ，信頼のおけるツールとなるのを支援することが望ましい．適切で，かつ，十分な監査結論を導き出すため，そして，互いに独立して監査を行ったとしても同じような状況に置かれれば，どの監査員も同じような結論に達することができるようにするためには，これらの原則の順守は，必須条件である．

この規格の箇条 **5** ～箇条 **7** で示す手引は，次に概要を示す七つの原則に基づく．

**a)**　高潔さ：専門家であることの基礎

監査員，及び監査プログラムをマネジメントする人は，次の事項を行うことが望ましい．

— 自身の業務を倫理的に，正直に，かつ責任感をもって行う．
— 監査活動を，それを行う力量がある場合にだけ実施する．
— 自身の業務を，公平な進め方で，すなわち，全ての対応において公正さをもち，偏りなく行う．
— 監査の実施中にもたらされるかもしれない，自身の判断へのいかなる影響に対しても，敏感である．

**b)**　公正な報告：ありのままに，かつ，正確に報告する義務

監査所見，監査結論及び監査報告は，ありのままに，かつ，正確に監査活動を反映することが望ましい．監査中に遭遇した顕著な障害，及び監査チームと被監査者との間で解決に至らない意見の相違について報告することが望ましい．コミュニケーションはありのままに，正確で，客観的で，時宜を得て，明確かつ完全であることが望ましい．

**c)**　専門家としての正当な注意：監査の際の広範な注意及び判断

監査員は，自らが行っている業務の重要性，並びに監査依頼者及びその他の利害関係者が監査員に対して抱いている信頼に見合う正当な注意を払うことが望ましい．専門家としての正当な注意をもって業務を行う場合の重要な点は，全ての監査状況において根拠ある判断を行う能力をもつことである．

**d)**　機密保持：情報のセキュリティ

監査員は，その任務において得た情報の利用及び保護について慎重であることが望ましい．監査情報は，個人的利益のために，監査員又は監査依頼者によって不適切に，又は，被監査者の正当な利益に害をもたらす方法で使用しないことが望ましい．この概念には，取扱いに注意を要する又は機密性のある情報の適切な取扱いを含む．

**e)**　独立性：監査の公平性及び監査結論の客観性の基礎

監査員は，実行可能な限り監査の対象となる活動から独立した立場にあり，全ての場合において偏り及び利害抵触がない形で行動することが望ましい．内部監査では，監査員は，実行可能な場合には，監査の対象となる機能から独立した立場にあることが望ましい．監査員は，監査所見及び監査結論が監査証拠だけに基づくことを確実にするために，監査プロセス中，終始一貫して客観性を維持することが望ましい．

小規模の組織においては，内部監査員が監査の対象となる活動から完全に独立していることは可能でない場合もあるが，偏りをなくし，客観性を保つあらゆる努力を行うことが望ましい．

**f)**　証拠に基づくアプローチ：体系的な監査プロセスにおいて，信頼性及び再現性のある監査結論に到達するための合理的な方法

監査証拠は，検証可能なものであることが望ましい．監査は限られた時間及び資源で行われるので，監査証拠は，一般的に，入手可能な情報からのサンプルに基づくことが望ましい．監査結論にどれだけの信頼をおけるかということと密接に関係しているため，サンプリング

を適切に活用することが望ましい.

**g)**　リスクに基づくアプローチ：リスク及び機会を考慮する監査アプローチ

リスクに基づくアプローチは，監査が，監査依頼者にとって，また，監査プログラムの目的を達成するために重要な事項に焦点を当てることを確実にするため，監査の計画，実施及び報告に対して実質的に影響を及ぼすことが望ましい.

監査は, 監査員によってばらつきがあると監査の信頼性が揺らぐことになる. このようなばらつきを生じさせないためには，共通的なある原則に基づいて実施することが有効である. この規格では次に示す七つの原則を明確にしている. これらの原則はいずれも重要な考え方であるので，十分理解し，実践することが監査を成功させるカギとなる.

**a)**　**高潔さ**：専門家であることの基礎

高潔さとは，高尚（学問・言行等の程度が高く，上品なこと）で潔白なことであり，監査員及び監査プログラムをマネジメントする人（例：MS管理責任者，第二者監査に責任を持つ管理者）は，監査に関する専門家であり，彼らのとるべき行動を示している.

監査員及び監査プログラムをマネジメントする人は，監査業務を遂行するための活動に責任を持つことが大切であるという考え方を示唆している.

**b)**　**公正な報告**：ありのままに，かつ，正確に報告する義務

監査員は，監査した結果をそのまま確認したとおりに，事実を関係者に報告する必要がある．被監査者が部長で監査員が課長又は社員の場合，職責がものをいう組織では被監査者の言い分に問題があっても正しいとしている例がある．これでは適切な監査が実行できているとは言えないので注意が必要である．監査員と被監査者は同等であり，役職の上下関係を考慮してはならない．監査では被監査者とあらゆる場面でコミュニケー

ションを行っているので，事実に基づいて，正確で，客観的で，必要なときに，明確かつ完全であることが大切である．

c）**専門家としての正当な注意**：監査の際の広範な注意及び判断

監査員は，被監査者の職場で監査活動を行うため，監査場所では日常業務に影響を及ぼさないように注意する（例：作業を止めさせる，作業を妨害する）ことが大切である．また，被監査者とコミュニケーションを行っているため，周りの要員が監査員の言動に着目していることも認識することが大切である．

d）**機密保持**：情報のセキュリティ

“機密保持”とは，組織が保有している機密にかかわる情報の取扱いを考慮することが大切である．特に第二者監査では機密保持の原則が重要である．提供者を監査する場合には，自社の製品だけでなく，他社の製品，プロセス，及び固有技術についても目に触れることがあるのでこの原則は特に重要となる．

e）**独立性**：監査の公平性及び監査結論の客観性の基礎

“独立性”とは，監査が他のものからいかなる支配も受けないようにするための考え方であり，被監査者が監査で指摘を受けないように，都合のよい監査員を被監査者が指名することは避けなければならない．また，内部監査員は，公平性の観点から内部監査員自身が行った業務を監査することはできない．

少人数の組織で内部監査を行う場合には，この原則を適用する困難さはあるが，監査員自身が自分の行った業務を監査しないように注意する必要がある．

f）**証拠に基づくアプローチ**：体系的な監査プロセスにおいて，信頼性及び再現性のある監査結論に到達するための合理的な方法

“証拠に基づくアプローチ”とは，監査の結論を導くには正確な証拠がなければ適合性の判断を適切にすることはできないという考え方である．

監査は決められた時間内で実施する必要があるので，すべての業務を

監査できるわけではない．このため，証拠はサンプリングした結果から監査対象の母集団を評価することになるので，サンプリングが偏らないようにしなければならない．したがって，サンプルは，例えば，生産数量の多いもの，新製品・サービス，最近変更した情報セキュリティ技術，重要な環境側面，安全設備などの母集団の代表になるような情報を選定する必要がある．

**g)　リスクに基づくアプローチ**：リスク及び機会を考慮する監査アプローチ

“リスクに基づくアプローチ”とは，監査対象の業務のリスク及び機会に着目することで効率的に監査を行うことを意図している．このため，監査プログラムの目的に沿った監査活動を行うことが大切である．

## 2.5　箇条 5 “監査プログラムのマネジメント”の解説

本章では，ISO 19011 の主要な部分である箇条 5 ～ 7 について，原則として細目ごとに，次の順序で逐条的に解説を行う．**なお，本章では，箇条番号を ISO 19011 に対応させているので，ご留意いただきたい．**

**(1)**　**目的**：ISO 19011 の当該箇条のねらい・意図を解説

**(2)**　**規格の引用**：ISO 19011 に示されている推奨事項を示す．JIS Q 19011 をそのまま引用している．なお，点線の下線を施してある部分は，JIS として独自に追加されたものであり，ISO 19011 にはない．

**(3)**　**推奨事項の解説**：実際に ISO 19011 で用いられている表現，字句を適宜引用した上で，当該推奨事項を読み解くにあたって重要な概念やわかりにくい事項を解説する．

**(4)**　**実践にあたって**：当該箇条に基づいて，具体的に何をどのように実施することを意図しているのかを解説する．また，実施時の具体的な進め方や留意事項も適宜紹介する．

## 5.1　一般

### (1) 目的

監査を行うには，監査に関する取決めを定めて活動することが大切である．このためには，監査プログラムとは何か，またマネジメントする仕組みはどうあるべきかを示すことが大切である．ここでは，監査プログラムの範囲，MSの機能性を考慮した監査プログラムの運営管理，被監査者の状況を理解した監査プログラムの考慮事項，監査プログラムの情報及びPDCAサイクルの基本的な考え方を述べている．

### (2) 規格の引用

JIS Q 19011:2019

**5　監査プログラムのマネジメント**

**5.1　一般**

監査プログラムは，一つ若しくは複数のマネジメントシステム規格又はその他の要求事項に対処し，単独で又は組み合わせて（複合監査）行う監査を含み得るものを確立することが望ましい．

監査プログラムの及ぶ領域は，被監査者の規模及び性質のほか，監査の対象となるマネジメントシステムの性質，機能性，複雑さ，リスク及び機会のタイプ，並びに成熟度に基づくことが望ましい．

マネジメントシステムの機能性は，重要機能の大半を外部委託し，他の組織のリーダーシップの下でマネジメントする場合，更に複雑なものとなり得る．最も重要な決定をどこで下すか，及びマネジメントシステムのトップマネジメントがどのような構成かについて，特別の注意を払う必要がある．

複数の場所・現地（例えば，異なる国々）の場合，又は重要な機能を外部委託し，別の組織のリーダーシップの下でマネジメントする場合，監査プログラムの設計，計画及び妥当性確認に特別の注意を払うことが望ましい．

小規模の又はそれほど複雑でない組織の場合には，監査プログラムの規模は，適切に縮小できる．

被監査者の状況を理解するために，監査プログラムは，被監査者について，次の事項を考慮に入れることが望ましい．

— 組織の目的
— 関連する外部及び内部の課題
— 関連する利害関係者のニーズ及び期待
— 情報セキュリティ及び機密保持の要求事項

内部監査プログラムの計画の策定，及び場合によっては外部提供者を監査するプログラムの計画の策定は，組織の他の目的にも寄与するように取り決めることができる．

監査プログラムをマネジメントする人は，監査の“完全に整っている状態”（integrity）を維持し，監査に過度の影響が及ばないことを確実にすることが望ましい．

監査の優先順位は，マネジメントシステムにおいて内在するリスクが高く，パフォーマンスレベルが低い事項に対して資源及び手法を割り当てるよう，与えられることが望ましい．

監査プログラムをマネジメントするためには，力量のある人を割り当てることが望ましい．

監査プログラムは，決められた期間内で有効にかつ効率的に監査を行えるようにするための情報を含めて，資源を特定することが望ましい．そのような情報には，次の事項を含めることが望ましい．

**a**） 監査プログラムの目的
**b**） 監査プログラムに付随するリスク及び機会（**5.3** 参照）並びにそれらに対処する活動
**c**） 監査プログラム内の各監査の範囲（及ぶ領域，境界及び場所）
**d**） 監査のスケジュール（回数・期間・頻度）
**e**） 監査のタイプ，例えば内部監査又は外部監査
**f**） 監査基準
**g**） 採用する監査方法

**h**）　監査チームメンバーの選定基準

**i**）　関連する文書化した情報

これらの情報の幾つかは，より詳細な監査計画の策定が完了するまでは利用できない場合がある．

監査プログラムの実施状況を，その目的が達成されていることを確実にするために継続的に監視し，測定する（**5.6** 参照）ことが望ましい．監査プログラムは，変更の必要性及び改善の機会の可能性を特定するためにレビューすることが望ましい（**5.7** 参照）．

監査プログラムのマネジメントのためのプロセスフローを**図 1** に示す．

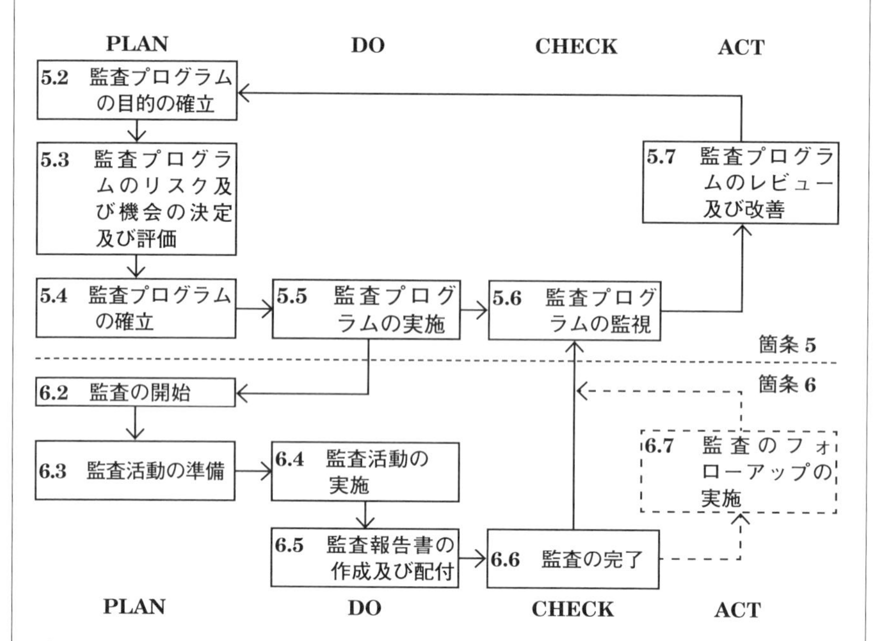


**注記 1**　この図は，この規格における“Plan-Do-Check-Act”（PDCA）サイクルの適用について示している．

**注記 2**　箇条・細分箇条の番号付けは，この規格の関連する箇条・細分箇条番号を示す．

**図 1—監査プログラムのマネジメントのためのプロセスフロー**

### (3)　推奨事項の解説

**①　監査プログラムは，一つ若しくは複数のマネジメントシステム規格又はその他の要求事項に取り組み，単独又は組み合わせて（複合監査）実施する監査を含め得るものを策定することが望ましい．**

組織が適用しているMS規格は，一つだけでなく，ISO 9001，ISO 14001，ISO/IEC 27001，ISO 45001などの分野に関するMSを適用している場合があるので，これを考慮した監査プログラムを設計することが効率性の面から大切である．

**②　マネジメントシステムの機能性は，重要機能の大半を外部委託し，他の組織のリーダーシップの下でマネジメントする場合，更に複雑なものとなり得る．**

組織のMSの重要な機能を外部委託する場合，例えば，設計開発，製造などが提供者で行われる場合には，MSの運営方法を効果的に行うことが大切である．

**③　複数の場所・現場（例えば，異なる国々）の場合，又は重要な機能を外部委託し，別の組織のリーダーシップの下でマネジメントする場合，監査プログラムの設計，計画及び妥当性確認に特別の注意を払うことが望ましい．**

MSの運営管理の場所が分散している場合やアウトソースしている場合には，単一のMSの運営管理とは相違していることが多いので，監査プログラムを設計する際には，これらの特徴を考慮して効果的な監査ができるようにすることが大切である．

### (4)　実践にあたって

組織はQMS，EMS，ISMS，OHSMSなどの分野別のMSを構築している．これらを監査するためには，自組織の監査能力を考慮して，個別に監査を行うことやこれらを組み合わせて監査を行うことができるので，どのような方法が最も効果的で効率的であるかを見極めることが大切である．

監査の優先順位を考慮する際には，MSにおいて内在するリスクが高く，パフォーマンスレベルが低い事項に対して資源及び手法を割り当てるようにするとよい．

監査プログラムをマネジメントする人は，ISO 19011の図1“監査プログラムのマネジメントのためのプロセスフロー”にかかわる機能を理解し，監査プログラムがうまく機能しているかを評価する必要がある．このため，監査プログラムのPDCAのサイクルを回すとともに，運営管理に必要な資源を明確にし，提供する責任がある．

監査プログラムを策定する際には，内部監査では自組織のMSの活動状況，第二者監査では提供者のMSの成熟度を考慮することが効果的である．

監査プログラムの構造は，図2.1に示すように監査プロセスへのインプット，監査プロセス，監査プロセスからのアウトプット，及び相互作用のあるプロセスから構成されている．

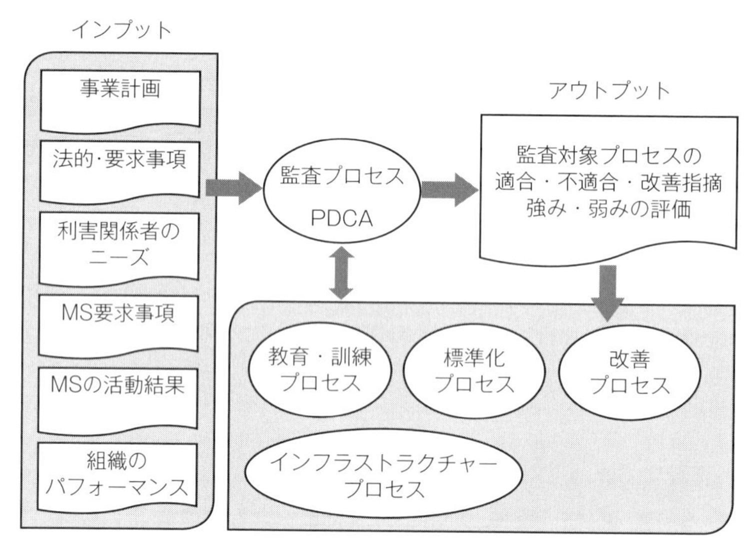


**図2.1**　監査プログラムの構造

このため，監査の実施時期及び回数は次の考え方で行うとよい．年度事業計画は，組織が今年度運営管理する事業活動に関する目標及びそれを達成するための方策から設定されているので，例えば，内部監査をどのプロセスに対していつ行うのかを考慮することが大切である．また，第二者監査をいつ行えば，組織にとって効果があるのかを考慮した計画を策定する必要がある．すなわち，MS の活動状況を評価するタイミングを考えることが重要であり，次にその例を示す．

**a）　内部監査**

内部監査を毎年同じ時期に行うのは，事業活動と必ずしも整合していないので，例えば，新製品の設計・開発時期が 5 ～ 9 月，製造が 10 月から開始の場合には，設計・開発プロセスの内部監査の時期を 9 月，製造プロセスの時期を 10 月にすることで，問題やリスクを検出できる．

**b）　第二者監査**

第二者監査では，提供者の MS が組織の MS の運営管理に与える影響を考慮して策定する必要があるので，定期的又は MS に関する重要問題が発生した時期に実施する．

### 5.2　監査プログラムの目的の確立

#### （1）　目的

監査は，組織が運営監視している MS の活動状況を把握し，問題等があればこれを改善する機会を与えるために行うものであり，改善のツールとして活用することが効果的である．これを実行できるようにするためには，何のために監査を行うのかという目的を明確にし，その目的を達成したか否かを評価することが大切である．ここでは，監査プログラムの目的を作成する際の考慮事項及びその目的の例を述べている．

#### （2）　規格の引用

JIS Q 19011:2019

**5.2　監査プログラムの目的の確立**

監査依頼者は，監査の計画策定及び実施を指示するために監査プログラムの目的が確立され，その監査プログラムが有効に実施されるのを確実にすることが望ましい．監査プログラムの目的は，監査依頼者の戦略的方向と整合し，マネジメントシステムの方針及び目的（又は目標）を支持するものであることが望ましい．

監査プログラムの目的は，次の考慮事項に基づき得る．

**a**）外部及び内部双方の，関連する利害関係者のニーズ及び期待

**b**）プロセス，製品，サービス及びプロジェクトの特性並びにそれらに関わる要求事項，並びにそれらに対する変化

**c**）マネジメントシステムの要求事項

**d**）外部提供者を評価することの必要性

**e**）被監査者のマネジメントシステムに関する，パフォーマンスのレベル及び成熟度．それらは，関連するパフォーマンス指標（例：**KPI**），不適合若しくはインシデントの発生，又は利害関係者からの苦情が反映されたものである．

**f**）被監査者に対して特定されたリスク及び機会

**g**）前回までの監査の結果

監査プログラムの目的の例には，次の事項を含み得る．

— マネジメントシステム及びそのパフォーマンスの改善の機会を特定する．

— 被監査者が自身の状況を明確にする能力を評価する．

— リスク及び機会を決定し，それらに対処する有効な活動を特定し実施する，被監査者の能力を評価する．

— 全ての関連する要求事項，例えば法令・規制要求事項，順守のコミットメント，マネジメントシステム規格の認証に関する要求事項に適合する．

— 外部提供者の能力における信頼を獲得し，維持する．

— 被監査者のマネジメントシステムの継続的な適切性，妥当性及び有効性を決定する．

— マネジメントシステムの目的（又は目標）が，組織の戦略的方向と両立し，整合しているかを評価する．

### (3) 推奨事項の解説

**① 監査依頼者は，監査の計画及び実施の方向付けを行うために，監査プログラムの目的が設定され，効果的に実施されるのを確実にすることが望ましい．**

監査は監査依頼者の意思によって活動が開始されるものであるので，監査の方針を決めることが大切である．このため，監査依頼者は，内部監査や第二者監査の機能を考慮した監査プログラムの目的を決め，その目的を達成できるような仕組みを確立することが大切である．

**② 監査プログラムの目的は，監査依頼者の戦略的方向性と一致しており，マネジメントシステムの方針及び目的を支持するものであることが望ましい．**

監査プログラムを運営管理するためには，まず，何のための監査を行うのかという目的を明確にしなければ，具体的な活動に展開することができない．また，監査は事業活動を評価することがその機能であるので，事業活動の骨格になる戦略との関係性を持つことで効果的になり得る．このため，監査プログラムの目的を決める場合には，組織の戦略との整合性を図り，該当するMSの方針や目的を考慮して決めることが大切である．

**③ 監査プログラムの目的は，次の考慮事項に基づき得る．**

監査プログラムの目的は，事業活動をどのような視点で評価するかということになるので，内部監査と第二者監査の目的は個別に考えることが大切である．ここでは，監査プログラムの目的を策定するために考慮すべき事項として a) ～ g) を明示している．

### (4) 実践にあたって

監査活動はMSの活動状況を評価するものであるが，組織がMSの何を評価したいのかについての目的を明らかにするため，まず，監査プログラムの目的を決めることが第一歩となる．これは，組織のMSを初めて評価する場合，継続的に評価する場合，問題が発生した場合，MSの変更があった場合などで変わってくる．また，内部監査と第二者監査でも相違するので，これらの状況を十分考慮して目的を決めることで効果的な監査を行うことが可能になる．

## 5.3　監査プログラムのリスク及び機会の決定及び評価

### (1)　目的

監査プログラムを効果的で効率的にマネジメントするためには，計画段階で監査プログラムに関するリスク及び機会を考え，その対応を検討しておくことが大切である．なぜならば，問題が発生すると監査プログラムが有効にならなくなる，監査活動が十分機能しなくなる可能性があるからである．ここでは，監査プログラムで考慮すべきリスク及び機会について述べている．

### (2)　規格の引用

JIS Q 19011:2019

**5.3　監査プログラムのリスク及び機会の決定及び評価**

被監査者の状況に関係してリスク及び機会があり，それらは監査プログラムに付随し，その目的の達成に影響を及ぼし得る．監査プログラムをマネジメントする人は，監査プログラム及び資源に関する要求事項を策定する際に考慮されるリスク及び機会に適切に対処するために，それらを特定し，監査依頼者に対して提示することが望ましい．

次の事項に付随するリスクがあり得る．

**a)**　計画の策定．例えば，関連する監査目的の設定における失敗，並びに監査の及ぶ領域，回数，期間，場所及びスケジュールの決定における失敗．

**b)**　資源．例えば，監査プログラムの策定又は監査の実施に十分な時間，機器及び／又は訓練を与えない．

**c)**　監査チームの選定．例えば，監査を有効に行う全体としての力量が不十分である．

**d)**　コミュニケーション．例えば，外部・内部コミュニケーションのプロセス・手段が有効でない．

**e)**　実施．例えば，監査プログラム内における調整が有効でない，又は情報セキュリティ及び機密保持を考慮していない．

**f)**　文書化した情報の管理．例えば，監査員及び関連する利害関係者が必要とする文書化した情報の決定が有効でなく，監査プログラムの有効性を実証するための監査記録の保護が十分でない．

**g)**　監査プログラムの監視，レビュー及び改善．例えば，監査プログラムの成果が有効に監視されていない．

**h)**　被監査者の参加可能性及び協力，並びにサンプリングする証拠の利用可能性

監査プログラムを改善する機会には，次の事項を含み得る．

— 一回の訪問で複数の監査を行うことを認める．

— 現地への移動時間及び距離を最小限にする．

— 監査チームの力量レベルを，監査目的を達成するために必要な力量レベルに合わせる．

— 監査日を，被監査者の主要なスタッフが参加可能な日に合わせる．

### (3)　推奨事項の解説

**①　監査プログラムをマネジメントする人は，リスク及び機会を特定し，監査依頼者に対して提示することが望ましい．**

監査プログラムには，リスク及び機会があり得るので，これを特定することが大切であるが，監査プログラムをマネジメントする人だけが理解していればよいものではなく，MS の運営管理の責任者である監査依頼者が対応すべき事項もあるのでこれを示すことが大切である．

② **次の事項に付随するリスクがあり得る.**

監査プログラムにおける活動には，a) ～ h) に関するいろいろなリスクがあり得るので，これらの事項を十分検討することが大切である.

③ **監査プログラムを改善する機会には，次の事項を含み得る.**

監査プログラムを効果的で効率よく運営管理するためには，監査プログラムの改善を行う必要があり，これらの4つの機会を考慮することが大切である.

### (4) 実践にあたって

監査プログラムの目的達成のためには，それに影響を与えるリスク及び機会が存在するので，監査プログラムのそれぞれの段階でどのようなリスク及び機会があり得るのかを特定し，事前に対応することが大切である．リスクを特定するためには，表2.1 に示すリスク抽出表を作成するとよい.

**表2.1**　リスク抽出表の例

| 監査プログラムの要素 | リスクに関係する事項の例 |
|---|---|
| 計画の策定 | 計画に関する情報不足 |
| 資源 | 監査員の力量不足，監査時間不足 |
| 監査チームの選定 | 専門性に関する力量不足，独立性の考慮不足 |
| コミュニケーション | 連絡体制の不十分さ |
| 実施 | 業務への悪影響，監査員への安全衛生の不備 |
| 文書化した情報の管理 | 監査記録の不順守，監査記録の漏えい |
| 監査プログラムの監視，レビュー及び改善 | 監査プログラムの監視項目の効果性，監視方法の不順守 |
| 被監査者の参加可能性及び協力，並びにサンプリングする証拠の利用可能性 | 被監査者の協力不足，偏ったサンプリング |

## 5.4　監査プログラムの確立

### 5.4.1　監査プログラムをマネジメントする人の役割及び責任

#### (1)　目的

監査プログラムを運営管理するためには，これらの活動をマネジメントすることが必要である．このためには，誰がマネジメントするのかを決め，その人の役割と責任を決めることで監査活動を効果的で効率的に行うことが可能になる．ここでは，監査プログラムをマネジメントする人が実施すべき事項について述べている．

#### (2)　規格の引用

JIS Q 19011:2019

**5.4　監査プログラムの確立**

**5.4.1　監査プログラムをマネジメントする人の役割及び責任**

監査プログラムをマネジメントする人は，次の事項を行うことが望ましい．

**a)**　監査プログラムの及ぶ領域を，関連のある目的（**5.2** 参照）及び全ての既知の制約に基づいて確立する．

**b)**　外部及び内部の課題，並びに監査プログラムに影響を及ぼし得るリスク及び機会を決定し，それらに対処する活動を実施し，必要に応じて，これらの活動を全ての関連する監査活動に統合する．

**c)**　監査チームの選定及び監査活動についての全体としての力量を確実にする．これは，役割，責任及び権限を割り当て，必要に応じて，リーダーシップを支援することによる．

**d)**　次の事項のためのプロセスを含む，全ての関連プロセスを確立する．

— 監査プログラム内の全ての監査の調整及びスケジュールの策定

— 監査の目的，範囲及び基準の確立，監査方法の決定，並びに監査チームの選定

— 監査員の評価

— 必要に応じて，外部及び内部コミュニケーションプロセスの確立

— 紛争の解決及び苦情の取扱い

— 該当する場合は，監査のフォローアップ

— 必要に応じて，監査依頼者及び関連する利害関係者への報告

**e)** 全ての必要な資源の提供を決定し，それを確実にする．

**f)** 適切な文書化した情報を作成し維持することを確実にする．これには，監査プログラムの記録を含む．

**g)** 監査プログラムを監視し，レビューし，改善する．

**h)** 監査プログラムを監査依頼者，及び必要に応じて，関連する利害関係者へ伝達する．

監査プログラムをマネジメントする人は，監査依頼者に監査プログラムの承認を要請することが望ましい．

### (3)　推奨事項の解説

**①　監査プログラムの及ぶ領域を，関連のある目的及び全ての既知の制約に基づいて確立する．**

監査プログラムをどのような領域に適用するかを決める際には，MSの目的やMSの適用範囲などの制約条件を考慮することが大切である．(5.4.3参照)

**②　役割，責任及び権限を割り当て，リーダーシップを支援する．**

監査活動に関連する人々に対して，役割，責任及び権限を割り当て，これらの人々に対してリーダーシップを支援することで，監査活動をスムーズに運営管理できる．

**③　外部及び内部コミュニケーションプロセスの確立**

外部コミュニケーンプロセスには，第二者監査対象の組織や第三者機関との対応が含まれ，内部コミュニケーションプロセスには，監査依頼者や各部門との対応が含まれるような仕組みを構築することが大切である．

#### (4) 実践にあたって

監査プログラムをマネジメントする人とは，組織活動をよく理解しており，経営的な立場で物事を考えることができる要員を意図している．したがって，トップマネジメントはしかるべき要員を任命する必要がある．なお，小企業ではトップマネジメントがこの役割を果たすことも可能であり，この仕組みの方が効率的に運営することができる場合が多い．

監査プログラムをマネジメントする人の例として，内部監査では MS の管理責任者，第二者監査では提供者の評価に責任・権限を持つ管理者（例：購買部門の責任者）がある．

### 5.4.2 監査プログラムをマネジメントする人の力量

#### (1) 目的

監査プログラムをマネジメントする人は，監査の活動に関する役割と責任があるので，これを運営管理するために必要な力量を保有することが重要である．ここでは，監査プログラムをマネジメントする人の力量について述べている．

#### (2) 規格の引用

JIS Q 19011:2019

**5.4.2 監査プログラムをマネジメントする人の力量**

監査プログラムをマネジメントする人は，監査プログラム及びそれに付随するリスク及び機会，並びに外部及び内部の課題を有効にかつ効率的にマネジメントするために必要な力量を備えていることが望ましい．これには，次の事項に関する知識を含む．

**a)** 監査の原則（箇条 **4** 参照），方法及びプロセス（**A.1** 及び **A.2** 参照）

**b)** マネジメントシステム規格，その他の関連する規格及び基準・手引文書

**c)** 被監査者及びその状況に関わる情報（例えば，外部・内部の課題，関連する利害関係者並びにそのニーズ及び期待，被監査者の事業活動，

製品，サービス及びプロセス）

**d**）　適用される法令・規制の要求事項，及び被監査者の事業活動に関連するその他の要求事項

必要な場合には，リスクマネジメント，プロジェクト及びプロセスのマネジメント，並びに情報通信技術（ICT）に関する知識を考慮してよい．

監査プログラムをマネジメントする人は，監査プログラムをマネジメントするのに必要な力量を維持するために，適切な継続的開発活動に携わることが望ましい．

### (3)　推奨事項の解説

**①　監査プログラムをマネジメントする人は，監査プログラムをマネジメントするのに必要な力量を維持するために，適切な継続的開発活動に積極的にかかわることが望ましい．**

MSに関する情報は変化することがあるので，監査プログラムをマネジメントする人はこれらの知識の開発にかかわることが大切である．このようなかかわりを持つことで監査プログラムの改善の機会を得ることができる．

### (4)　実践にあたって

監査プログラムをマネジメントする人には，内部監査と第二者監査では次に示す知識と技能が必要であり，MSに関する知識及び技能の変化に対応した力量の維持向上をどのように行う必要があるのかを考えることも重要である．

#### (a)　内部監査

“監査の原則，プロセス及び方法”，“MS規格及びその他の規格”，“被監査者の活動，製品及びプロセス”，“被監査者の活動及び製品に関し，適用される法的及びその他の要求事項”，“被監査者の外部／内部の課題，関連する利害関係者並びにそのニーズ及び期待”

**(b)　第二者監査**

“監査の原則，プロセス及び方法”，“MS 規格（ただし，提供者が MS 規格を適用している場合）及びその他の規格”，“提供者の活動，製品及びプロセス”，“提供者の活動及び製品に関し，適用される法的及びその他の要求事項”，“提供者の外部／内部の課題，関連する利害関係者並びにそのニーズ及び期待”

### 5.4.3　監査プログラムの及ぶ領域の確立

**(1)　目的**

監査を行う際には，監査対象の活動状況をもとに監査プログラムを適用する範囲を決定することが大切である．ここでは，監査プログラムを適用する範囲を検討する際の考慮すべき事項を述べている．

**(2)　規格の引用**

JIS Q 19011:2019

**5.4.3　監査プログラムの及ぶ領域の確立**

監査プログラムをマネジメントする人は，監査プログラムの及ぶ領域を決定することが望ましい．監査プログラムの及ぶ領域は，被監査者が自身の状況に関して提供する情報によって異なり得る（**5.3** 参照）．

**注記**　被監査者の組織構造又は活動によって，監査プログラムは単一の監査だけから成る場合もある（例えば，小さなプロジェクト又は組織）．

監査プログラムの及ぶ領域に影響を与えるその他の要因には，次の事項を含み得る．

**a)**　実施するそれぞれの監査の目的，範囲及び期間，並びに監査の実施回数，報告方法，及び該当する場合は，監査のフォローアップ

**b)**　マネジメントシステム規格又はその他の適用可能な基準

**c)**　監査の対象となる活動の数，重要性，複雑さ，類似性及び場所

**d)**　マネジメントシステムの有効性に影響を与える要因

**e)** 適用される監査基準．例えば，関連するマネジメントシステム規格のために計画された取決め事項，法令・規制要求事項並びに被監査者である組織がコミットメントしたその他の要求事項

**f)** 前回までの内部監査又は外部監査の結果，及び該当する場合は，マネジメントレビューの結果

**g)** 前回の監査プログラムのレビュー結果

**h)** 言語，文化及び社会上の課題

**i)** 利害関係者の懸念事項．例えば，顧客の苦情，法令・規制要求事項及び被監査者である組織がコミットメントしたその他の要求事項への不順守，又はサプライチェーンの課題

**j)** 被監査者の状況又はその運用並びに関連するリスク及び機会に対する重大な変化

**k)** 監査活動を支援する，被監査者の情報通信技術の利用可能性．特に遠隔監査方法の利用（**A.16** 参照）

**l)** 内部及び外部の事象の発生．例えば，製品又はサービスの不適合，情報セキュリティ漏えい（洩），安全衛生に関わるインシデント，犯罪行為又は環境に関わるインシデントなど．

**m)** 事業のリスク及び機会．これには，それらに対処する活動を含む．

### （3）　推奨事項の解説

**①　監査プログラムの及ぶ領域に影響を与えるその他の要因には，次の事項を含み得る．**

監査プログラムの対象を明確にする際には，定期的な監査なのか，臨時の監査なのか，また個別監査なのか，統合監査なのかなどによって監査プログラムは相違するので，a)～m) を考慮することが大切である．

#### (4)　実践にあたって

監査プログラムを確立するためには，監査対象の MS の活動状況やこれに影響する事項を考慮することで効果的で効率よく監査活動を行うことが可能になる．

### 5.4.4 監査プログラムの資源の決定

#### (1)　目的

監査プログラムを運営管理するには，財務資源や監査にかかわる人々などの資源が必要になるので，監査プログラムをマネジメントする人は，これらを決定することが大切である．ここでは，資源を決定する際に考慮すべき事項を記述している．

#### (2)　規格の引用

JIS Q 19011:2019

**5.4.4　監査プログラムの資源の決定**

監査プログラムをマネジメントする人は，監査プログラムの資源の決定に当たって，次の事項を考慮することが望ましい．

**a)**　監査活動を計画し，実施し，マネジメントし，改善するために必要な財務資源及び工数

**b)**　監査方法（**A.1** 参照）

**c)**　特定の監査プログラムの目的にふさわしい力量を備えた，監査員及び技術専門家の個別の及び全体的な利用可能性

**d)**　監査プログラムの及ぶ領域（**5.4.3** 参照）並びに監査プログラムのリスク及び機会（**5.3** 参照）

**e)**　移動時間及び費用，宿泊施設並びにその他監査に必要な事項

**f)**　異なったタイムゾーンの影響

**g)**　情報通信技術の利用可能性（例えば，遠隔の協調活動を支援する技術を用いた，遠隔監査を設定するために必要な技術資源）

**h**） 必要なあらゆるツール，技術及び機器の利用可能性

**i**） 監査プログラムの確立において決定した，必要な文書化した情報の利用可能性（**A.5** 参照）

**j**） 施設に関する要求事項．これには，あらゆる機密情報取扱い許可及び機器を含む（例えば，身元調査，個人用保護具，クリーンルーム用着衣を着用する能力）．

### (3) 推奨事項の解説

#### ① 異なったタイムゾーンの影響

例えば，本社が東京で監査対象組織が米国である場合にオンラインで監査を行う場合には，就業時間のずれがあるので，これを考慮して監査を行うことが必要である．

#### ② 情報通信技術の利用可能性（例えば，遠隔の協調活動を支援する技術を用いた，遠隔監査を設定するために必要な技術資源）

監査場所が遠方にある場合には，通信システムを使用してオンラインで監査を行うことも可能である．

### (4) 実践にあたって

監査プログラムを運営管理するためには資源（財務資源，技術，人，インフラストラクチャ，時間など）が必要であり，次の事項を考慮してこれらを特定する必要がある．

監査員教育に必要な研修費用，人件費などの一連の監査活動に必要な費用がどの程度必要かを明確にする．監査方法には，個別監査，統合監査，合同監査がある．また，現地監査又はリモート監査があり，組織の事業活動の実態にあった方法を選択するとよい．第二者監査では現地監査を行った方が多くの情報が収集できるとともに，提供者とのコミュニケーションがスムーズにできるという点で効果的である．

監査員には，監査プログラムの目的にふさわしい力量が必要である．例えば，設計プロセスを監査するのに，監査員の知識として設計プロセスに関する知識をもっていることが，効果的な監査ができるということである．したがって，監査対象プロセスを監査するのにふさわしい力量をもった監査員を指名するとよい．なお，第二者監査では技術専門家を考慮する場合もある．資源は，監査プログラムを適用する範囲，並びに監査プログラムのリスク及び機会から得られる情報をもとに決定する．監査場所への移動時間，交通費・宿泊費，宿泊場所などを考慮する．（特に第二者監査ではこれらを考慮する必要がある．）

### 5.5　監査プログラムの実施

#### 5.5.1　一般

**(1)　目的**

“5.4　監査プログラム”を確立し，これを効果的で効率的に実施するためには，関係者への監査実施に関する伝達，監査基準，監査チームの編成，監査スケジュールなどを策定することが大切である．ここでは，監査プログラムをマネジメントする人が実施すべき事項を述べている．

**(2)　規格の引用**

JIS Q 19011:2019

**5.5　監査プログラムの実施**

**5.5.1　一般**

監査プログラムを確立し（**5.4.3** 参照）関係する資源を決定したなら（**5.4.4** 参照），その運用計画の策定及び監査プログラム内の全ての活動の調整を実施する必要がある．

監査プログラムをマネジメントする人は，次の事項を行うことが望ましい．

**a)**　関係するリスク及び機会を含め，監査プログラムの関連する部分を関連する利害関係者に伝達する，並びに確立した外部及び内部コミュニケーションチャネルを用いて，関連する利害関係者に定期的にその進捗状況を知らせる．

**b**）個々の監査の，目的，範囲及び基準を定める．

**c**）監査方法を選択する（**A.1** 参照）．

**d**）監査プログラムに関連する，監査及びその他の活動について，調整及びスケジュールの作成をする．

**e**）監査チームが必要な力量をもつことを確実にする（**5.5.4** 参照）．

**f**）監査チームに，必要な個別の資源及び全体的な資源を提供する（**5.4.4** 参照）．

**g**）監査プログラムに従った監査を行うことを確実にする．それは，監査プログラムの実施展開中に発生する，全ての運用上のリスク，機会，及び課題(すなわち，予期しない事象)をマネジメントすることである．

**h**）監査活動に関わる文書化した情報を，適切にマネジメントし，維持することを確実にする（**5.5.7** 参照）．

**i**）監査プログラムの監視に必要な運用上の管理（**5.6** 参照）を定め，実施する．

**j**）監査プログラムの改善の機会を特定するために，監査プログラムをレビューする（**5.7** 参照）．

### (3)　推奨事項の解説

**①　a）関係するリスク及び機会を含め，監査プログラムの関連する部分を関連する利害関係者に伝達する，並びに確立した外部及び内部コミュニケーションチャネルを用いて，関連する利害関係者に定期的にその進捗状況を知らせる．**

監査プログラムでは利害関係者との関係を考慮することが大切であり，このためには，監査プログラムの運営管理を効果的で効率的に行うため，調整が必要な場合があるので，これらに関する情報を提供するとともに，監査プログラムの進捗状況を定期的に知らせることが大切である.

② **c)　監査方法を選択する（A.1 参照）.**

監査方法には，現地観察又は遠隔監査においてインタビューによる方法と文書レビューなどの確認をする方法がある．どの方法で監査を行うのかは，監査目的，範囲及び基準，並びに期間及び場所を考慮することが大切である.

③ **g)　プログラムの実施展開中に発生する，全ての運営上のリスク，機会，及び課題（すなわち，予期しない事象）をマネジメントすることである.**

監査プログラムを実施する際には，当初考えていたことだけではなく，いろいろな問題が発生する場合があるので，これに適切に対処することが大切である.

### (4)　実践にあたって

監査プログラムを実施する際には，当初の計画どおりに進まないこともあり得るので，このような場合には監査に関係する人々との調整が必要になる．このため，監査プログラムをマネジメントする人は，監査プログラムの実施に関する役割を監査規程などで明確にすることが効果的である.

## 5.5.2　個々の監査の目的，範囲及び基準の定義

### (1)　目的

監査には，定期的に行う MS 要求事項ごとの個別監査や複合監査などの方法や問題発生時に行う臨時の監査があり，それぞれ何のために監査を行うのか，適用範囲はどこなのか及び基準は何なのかを明確にして監査を行うことが効果的である．ここでは，監査の目的の例，監査範囲の決め方，監査基準の例を述べている.

### (2)　規格の引用

JIS Q 19011:2019

**5.5.2　個々の監査の目的，範囲及び基準の定義**

個々の監査は，定められた監査の目的，範囲及び基準に基づくことが望ましい．これらは，全体的な監査プログラムの目的と整合していることが望ましい．

監査目的は，その個々の監査で何を達成するのかを定めるものであり，次の事項を含めてよい．

**a)**　監査の対象となるマネジメントシステム又はその一部の，監査基準への適合の程度の決定

**b)**　関連する法令・規制要求事項及び組織がコミットメントしたその他の要求事項を満たす上で組織を支援する，マネジメントシステムの能力の評価

**c)**　意図した結果を満たす上でのマネジメントシステムの有効性の評価

**d)**　マネジメントシステムの潜在的な改善の機会の特定

**e)**　被監査者の状況及び戦略的方向性に関する，マネジメントシステムの適切性及び妥当性の評価

**f)**　目的（又は目標）を確立及び達成し，変化する状況においてリスク及び機会に有効に対処するための，マネジメントシステムの能力の評価．これには，関係する活動の実施を含む．

監査範囲は，監査プログラム及び監査目的と整合していることが望ましい．これには，監査の対象となる，場所，機能，活動及びプロセス，並びに監査期間のような要素を含む．

監査基準は，適合性を決定する基準として用いられる．これには，次の事項の一つ又は複数を含めてよい．適用される方針，プロセス，手順，目的（又は目標）を含むパフォーマンス基準，法令・規制要求事項，マネジメントシステムの要求事項，被監査者が決定した状況並びにリスク及び機会に関する情報（関連する外部・内部利害関係者の要求事項を含む．），業

界の行動規範又はその他の計画された取決め事項.

監査の目的，範囲又は基準に何らかの変更があった場合には，必要に応じて監査プログラムを修正し，利害関係者に伝えて，適宜その承認を求めることが望ましい.

複数の分野を同時に監査する場合，監査の目的，範囲及び基準が，各分野の関連する監査プログラムと整合していることが重要である．組織全体を反映する監査範囲をもち得る分野もあれば，組織のある部分を反映する監査範囲をもち得る分野もある.

### (3)　推奨事項の解説

**①　監査目的は，その個々の監査で何を達成するのかを定めるものであり，次の事項を含めてよい.**

定期的な監査や臨時の監査を行う際には，その目的を明確にすることが大切であり，その目的の例として a) ～ f) がある.

**②　監査基準は，適合性を決定する基準として用いられる.**

監査の結果を明確にするためには，監査証拠と監査基準が必要である．この監査証拠と監査基準が整合している場合に適合性の判断を下すことができる．したがって，監査基準は，判断のよりどころとなるものでなければならない.

**③　組織全体を反映する監査範囲をもち得る分野もあれば，組織のある部分を反映する監査範囲をもち得る分野もある.**

例えば，QMS の製品実現のプロセスは，品質，環境，情報セキュリティ，安全に関する機能を含んでいるので適用範囲は，これらの分野が含まれることになる.

### (4)　実践にあたって

監査を効果的に行うためには，監査プログラムの目的にしたがって個々（今回実施する）の監査の目的，適用範囲及び基準を明確にする必要がある．なお，個々の監査の目的は，MS 管理責任者，又は第二者監査の管理責任者が MS の活動状況や組織のパフォーマンスなどを考慮して作成する．

監査目的には次の事項も含めて考えるとよい．

- MS の監査基準への適合の程度の決定（適合・不適合の決定）
- 法的及び契約上の要求事項並びに組織が約束したその他の要求事項への順守を確実にするための MS の実現能力の評価（MS の仕組みが効果的か，又は効率的かという判断）
- MS の有効性の評価（計画どおりの結果が出ているかという判断）
- MS の潜在的な改善に関する機会の特定（改善指摘事項に該当する要素）
- 被監査者の状況及び戦略的方向性に関する MS の適切性及び妥当性の評価（被監査者の状況及び戦略的方向性と整合しているか，過不足の要素はないかという評価）
- 事業環境の変化に応じて，関連する行動の実施も含め，目的を確立及び達成し，リスク及び機会に対して効果的に取り組むための，MS の実現能力の評価

監査範囲には，工場，現場又は事務所などの監査場所，部門又は課などの組織単位，業務活動，プロセス，及びいつからいつまでの活動期間が監査対象となる．

監査基準は，MS を構築している文書化されていない手順や法令・規制要求事項を含む基準類すべてが対象になる．

### 5.5.3　監査方法の選択及び決定

#### (1)　目的

監査は限られた資源を有効に使用して効果的で効率的に行うため，現地だけなく，遠隔又はこれらを組み合わせて行うことが大切である．ここでは，監査方法についての考え方を述べている．

### (2)　規格の引用

JIS Q 19011:2019

**5.5.3　監査方法の選択及び決定**

監査プログラムをマネジメントする人は，定められた監査の目的，範囲及び基準に基づいて，監査を有効にかつ効率的に行うための方法を選択し，決定することが望ましい．

監査は，現地，遠隔，又はこれらを組み合わせて実施することができる．これらの方法は，とりわけ，付随するリスク及び機会の考慮に基づいて，適切にバランスをとって利用することが望ましい．

複数の監査組織が同一の被監査者に対して合同監査を行う場合は，異なる監査プログラムをマネジメントする人は，監査方法について合意し，監査の資源提供及び監査計画の策定への影響を考慮することが望ましい．被監査者が異なった分野の複数のマネジメントシステムを運用している場合は，監査プログラムには複合監査を含めてよい．

### (3)　推奨事項の解説

**①　監査は，現地，遠隔，又はこれらを組み合わせて実施することができる．**

監査範囲の場所が遠方にある場合には，そこに出かけて監査する移動時間のロスを低減するため，IT を活用してオンラインで行うことも考慮することが大切である．具体的な方法として，附属書 A.1 を参照のこと．

**②　複数の監査組織が同一の被監査者に対して合同監査を行う場合は，異なる監査プログラムをマネジメントする人は，監査方法について合意し，監査の資源提供及び監査計画の策定への影響を考慮することが望ましい．**

複数の監査組織が同一の被監査者に対して合同監査を行う例として，複数の事業部が同一の供給者に対して第二者監査を行う場合には，個別に行うことは効率的でないので，合同で行うことがある．この際には，監査を効果的に行うため，事業部間で調整を行うことが大切である．

#### (4)　実践にあたって

監査方法には，個別監査，合同監査，統合監査，現地監査又はリモート監査がある．一般的には，監査場所が遠距離にあり，監査を定期的に行う場合などはリモート監査が効果的であるが，現地監査との併用をするとよい．なお，第二者監査の場合には，この目的を考えると現地監査の方が効果的である．

### 5.5.4　監査チームメンバーの選定

#### (1)　目的

監査は，監査チームを編成して行うことが基本である．このため，監査プログラムをマネジメントする人は，監査員の力量を考慮して監査チームメンバーの選定を行うことが大切である．ここでは，監査チームの規模及び構成を決める際の考慮事項を述べている．

#### (2)　規格の引用

JIS Q 19011:2019

**5.5.4　監査チームメンバーの選定**

監査プログラムをマネジメントする人は，チームリーダー及び特定の監査に必要な技術専門家を含めて，監査チームメンバーを指名することが望ましい．

監査チームは，定められた監査範囲の中で個々の監査の目的を達成するために必要な力量を考慮に入れて，選定することが望ましい．監査員が一人だけの場合は，その監査員が監査チームリーダーとしての適用される全ての任務を果たすことが望ましい．

**注記**　箇条**7**は，監査チームメンバーに求められる力量を決定するための手引を示し，かつ，監査員を評価するプロセスを示している．

監査チームの全体としての力量を保証するために，次のステップを実施することが望ましい．

— 監査の目的を達成するために必要な力量の特定

— 監査チームに必要な力量が存在するような，監査チームメンバーの選定

個別の監査のための監査チームの規模及び構成を決めるに当たって，次の事項を考慮することが望ましい.

**a)** 監査範囲及び監査基準を考慮に入れた，監査目的を達成するために必要な監査チーム全体としての力量

**b)** 監査の複雑さ

**c)** 監査が複合監査又は合同監査であるかどうか

**d)** 選択された監査方法

**e)** 監査プロセスのあらゆる利害抵触を回避するための，客観性及び公平性の確保

**f)** 被監査者の代表者及び関連する利害関係者と，有効に作業し相互調整を行うための監査チームメンバーの能力

**g)** 関連する外部・内部の課題，監査で使用する言語，被監査者の社会的及び文化的特徴など．これらの課題には，監査員自身の技能によって，又は技術専門家による支援を介して対処してもよく，その際，通訳者の必要性も考慮する.

**h)** 監査対象となるプロセスのタイプ及び複雑さ

必要に応じて，監査プログラムをマネジメントする人は，監査チームの構成について，チームリーダーに意見を求めることが望ましい.

監査チームの監査員だけでは必要な力量が確保できない場合は，追加的な力量を備えた技術専門家が，そのチームを支援するために利用可能であることが望ましい.

訓練中の監査員を監査チームに含めてよいが，監査員の指揮及び指導の下で参加させることが望ましい.

監査中に監査チームの構成の変更が必要となる場合がある．例えば，利害抵触又は力量に関する課題が生じた場合である．このような状況が生じたならば，いかなる変更でもそれを行う前に，適切な関係者（例えば，監

査チームリーダー，監査プログラムをマネジメントする人，監査依頼者又は被監査者）とその状況を解決しておくことが望ましい．

### (3)　推奨事項の解説

**①　個別の監査のための監査チームの規模及び構成を決めるにあたって，次の事項を考慮することが望ましい．**

監査チームの規模や構成を決める際には，被監査者のMSの活動状況を適切に評価できる力量をもった監査員を選定することが重要である．しかし，個々の監査員が同じ力量が必要ではなく，監査チームとしての力量が保たれていればよいので，監査チームとしてどのような力量があるのかをa)～h)を考慮して特定することが大切である．

**②　b)　監査の複雑さ**

監査対象のMSのプロセスにいろいろな活動があり，その相互作用が多岐にわたる場合には，監査が複雑になることがあり得るので，監査員の組合せなどを考慮することが大切である．

**③　e)　監査プロセスのあらゆる利害抵触を回避するための，客観性及び公平性の確保**

監査員が自分の業務や自分の直接上司の機能について監査することは，客観性と公平性に欠けることになるので，監査チームの構成に偏りがないようにすることが大切である．

### (4)　実践にあたって

複数人数で監査を行う場合，監査チームの編成が必要になる．監査チームは，監査目的を達成できる力量を持った次に示す内部監査員で構成し，例えば，製造プロセスを監査する場合，佐藤監査員は製造プロセスの重要な機能は何かを十分理解しておく必要がある．そうでなければ，製造プロセスの実現能力の評価を行うことができないからである．

チームリーダー山田　経営者担当
メンバー　山本　設計プロセス
メンバー　佐藤　製造プロセス
メンバー　石井　購買プロセス

監査員が 1 人の場合は，その監査員がチームリーダーに対する要求事項を満たす必要がある．また，メンバー選定においては，独立性に注意しなければならない．この際，組織では人事異動があるので監査員の職歴を確認する必要がある．

監査チームメンバーが，監査目的を達成するための知識及び技能を満たしているかどうかを明確にするためには，監査員の力量マップを作成するとよい．なお，力量には次の事項を考慮するとよい．

・専門分野の知識及び技能
・方針管理
・問題解決手法
・QC 七つ道具
・統計的手法
・日常管理
・プロセス管理
・環境管理
・情報セキュリティ管理
・労働安全衛生管理
・法令・規制要求事項など

なお，監査チームに訓練中の監査員を参加させる場合は，監査員としての指名を受けているわけではないので，単独で監査をさせるのではなく必ず監査チームリーダーのもとで実施させる必要がある．

監査を複数の監査員で構成した場合には，監査活動を取りまとめるための監査チームリーダーが必要である．このため，監査チームリーダーの指名では，MS のパフォーマンス向上に役立つような指摘ができるようにするため，監査対象プロセスの内容を理解しており，プロセスの有効性及びMSの有効性を評価できる要員を選定する必要がある.

また，監査チームリーダーは監査計画の運営管理を行うため，リーダーシップを果たせる能力が必要である．このため，監査チームリーダーは，監査に関する高度な知識や経験が必要になるので，MSを理解している管理者で監査経験が4回以上の監査員を指名するとよい.

### 5.5.5　監査チームリーダーに対する，個々の監査の責任の割当て

#### (1)　目的

監査チームリーダーは，監査の活動を推進する役割を持っており，監査が効果的に行われるために，監査プログラムの責任者は，監査チームリーダーに対する監査活動における責任を明確にすることが大切である. ここでは, 監査チームリーダーが監査の計画を行うために必要な情報について述べている.

#### (2)　規格の引用

JIS Q 19011:2019

**5.5.5　監査チームリーダーに対する，個々の監査の責任の割当て**

監査プログラムをマネジメントする人は，個々の監査を行う責任を監査チームリーダーに割り当てることが望ましい.

監査の有効な計画策定を確実にするために，この割当ては，監査の計画された期日前に十分な時間をもって行うことが望ましい.

個々の監査を有効に行うことを確実にするために，監査チームリーダーに次の情報を提供することが望ましい.

**a)**　監査目的

**b)**　監査基準及びあらゆる関連する文書化した情報

**c)**　監査範囲．これには，監査の対象となる組織及び機能並びにプロセスの特定を含む.

**d)**　監査プロセス及びそれに付随する方法

**e)**　監査チームの構成

**f)**　被監査者の連絡先，監査活動を行う，場所，期間（time frame），及び工数

**g)**　監査の実施に必要な資源

**h)**　監査目的の達成に対する，特定したリスク及び機会の，評価及び対処に必要な情報

**i)**　監査チームリーダーが監査プログラムの有効性について被監査者とやりとりする際に，監査チームリーダーの支援となる情報

　該当する場合，この割当てに関する情報には，次の事項も網羅することが望ましい．

— 監査の作業及び報告に用いる言語で，監査員若しくは被監査者又はその両方の言語と異なる場合

— 必要な監査報告アウトプット及びその配付先

— 監査プログラムが求めるような，機密保持及び情報セキュリティに関係する事項

— 監査員に対する，安全衛生上及び環境上のあらゆる取決め

— 遠隔サイトへの，移動又はアクセスに関する要求事項

— あらゆるセキュリティ及び権限付与に関する要求事項

— レビューすべきあらゆる活動．例えば，前回の監査からのフォローアップ

— その他の監査活動との調整．例えば，異なるチームが異なる場所で類似の若しくは関係するプロセスを監査している場合，又は合同監査の場合

　合同監査を行う場合，監査を開始する前に，監査を行う組織間でそれぞれの責任，特に監査のために指名されたチームリーダーの権限について，合意に達していることが重要である．

### (3)　推奨事項の解説

**①　個々の監査を有効に行うことを確実にするために，監査チームリーダーに次の情報を提供することが望ましい．**

監査チームリーダーは，監査プログラムをマネジメントする人からの指示を受けて監査の準備をする必要がある．このため，監査プログラムをマネジメントする人は，監査チームリーダーが監査計画を策定するために，a)～i)に関する情報を提供することが大切である．さらに付加的な情報として8項目のビュレットから必要な情報について提供することが大切である．

**②　d)　監査プロセス及びそれに付随する方法**

監査に関する手順などについての情報が該当する．

**③　－ 監査プログラムが求めるような，機密保持及び情報セキュリティに関係する事項**

特に第二者監査の場合などは，自組織の製品・サービスを対象とした監査を行うが，他の組織の製品・サービスに関する情報に接する場合があり得たとしても，これには触れないようにすることが大切である．

### (4)　実践にあたって

監査チームリーダーは，監査実施を推進する役割を持っており，監査が効果的に行われるために，監査プログラムをマネジメントする人は，監査チームリーダーが監査計画を策定するのに必要な情報を少なくとも1か月前には提示することが必要である．これらの情報に不足がある場合には，監査チームリーダーは，監査プログラムをマネジメントする人に追加の情報提供を依頼することが大切である．

第二者監査で合同監査を行う場合には，監査前に，監査を行う部門間でそれぞれの責任，特に監査のために指名されたチームリーダーの権限について，合意しておくことが重要である．

### 5.5.6　監査プログラムの結果のマネジメント

#### (1)　目的

監査プログラムが完了すると，監査チームから監査報告書が提出されるので，これをもとに監査計画と監査結果を比較し，それを評価することが大切である．ここでは，監査プログラムをマネジメントする人が果たすべき監査結果に対する活動について述べている．

#### (2)　規格の引用

JIS Q 19011:2019

**5.5.6　監査プログラムの結果のマネジメント**

監査プログラムをマネジメントする人は，次の活動が行われることを確実にすることが望ましい．

**a)**　監査プログラム内の各監査における，監査目的の達成についての評価

**b)**　監査範囲及び監査目的の達成に関する監査報告書のレビュー及び承認

**c)**　監査所見に対処するためにとった処置の有効性のレビュー

**d)**　関連する利害関係者への監査報告の配付

**e)**　フォローアップ監査の必要性の決定

必要に応じて，監査プログラムをマネジメントする人は，次の事項を考慮することが望ましい．

— 監査結果及びベストプラクティスを組織の他の領域に伝達すること

— 他のプロセスへの影響

#### (3)　推奨事項の解説

**①　監査プログラムをマネジメントする人は，次の活動が行われることを確実にすることが望ましい．**

監査プログラムをマネジメントする人は，監査プログラムが計画どおりに実行されたか否かを評価することに責任があるので，監査結果から監査プロ

グラムの適切性，妥当性，有効性を評価するためにa)～e)の活動を行うことが大切である．

### (4)　実践にあたって

監査プログラムの結果をマネジメントするために，監査プログラムをマネジメントする人は，監査目的が達成されたか否か，監査報告書が適切で妥当か否かを判断し，これに問題がない場合には承認を行う，監査所見について被監査者がとった処置が有効であったか否か，関連する人々への監査報告書の配付の実施，不適合に対する是正処置に関するフォローアップの必要性を決定しているか否かが行われるような仕組みを監査規程で明確にする．

## 5.5.7　監査プログラムの記録の管理及び維持

### (1)　目的

監査プログラムに関する記録は，被監査者のMSの運営管理を評価した証拠になるものであり，これらを適切に管理することが大切である．ここでは，監査プログラムに関連する記録の例を述べている．

### (2)　規格の引用

JIS Q 19011:2019

**5.5.7　監査プログラムの記録の管理及び維持**

監査プログラムをマネジメントする人は，監査プログラムの実施を実証するために監査記録を作成し，管理し，維持することを確実にすることが望ましい．監査記録に付随する情報セキュリティ及び機密保持に関するいかなるニーズにも対処することを確実にするためのプロセスを確立することが望ましい．

記録には，次の事項を含み得る．

**a)**　監査プログラムに関係する，次のような記録

—　監査のスケジュール

— 監査プログラムの目的及び監査プログラムの及ぶ領域
— 監査プログラムのリスク及び機会に対処する事項，並びに関連する外部及び内部の課題
— 監査プログラムの有効性のレビュー

**b)** 各監査に関係する，次のような記録
— 監査計画及び監査報告書
— 客観的な監査証拠及び監査所見
— 不適合報告書
— 修正及び是正処置報告書
— 監査のフォローアップ報告書

**c)** 次のような事項を含む，監査チームに関係する記録
— 監査チームメンバーの力量及びパフォーマンスの評価
— 監査チーム及び監査チームメンバーの選定並びに監査チームの編成に関する基準
— 力量の維持及び向上

記録の形式及び詳細さのレベルは，監査プログラムの目的を達成していることを実証できるものであることが望ましい．

### (3)　推奨事項の解説

**①　監査プログラムをマネジメントする人は，監査プログラムの実施を実証するために監査記録が作成され，管理され，維持されていることを確実にすることが望ましい．**

監査プログラムに関連する記録には，a) 監査プログラムに関するもの，b) 個々の監査に関するもの，c) 監査チームに関するものがあるので，これを管理する仕組みをつくることが大切である．

**②　記録の形式及び詳細の程度は，監査プログラムの目的が達成されていることを実証できるものであることが望ましい．**

記録は効率化を図るため，電子化することが検索や保管上有効であるが，その詳しさの程度は，監査プログラムの目的を考えて決めることが大切である．

### (4)　実践にあたって

記録は実施した監査が有効であったのか，次回の監査に活用できるようになっているのか，監査の結果を適切に報告できるのかについて判断できる必要があるので，誰でもが理解できる内容にしておくことが重要である．なお，記録の管理はMS規格の要求事項に基づいて実施する．第二者監査では，監査記録によっては機密保持に関するものがある場合には，取り扱いには特に注意が必要である．

なお，不適合報告書は，監査基準と監査証拠が明確に記載されており，その論理性を確認することが大切である．

## 5.6　監査プログラムの監視

### (1)　目的

計画した監査プログラムに基づいて監査が計画どおりに行われているかを監視することで，“5.7　監査プログラムの改善”につなげることができるので，監視の対象を決めてデータを収集することが大切である．ここでは，監視の対象及び監査プログラムの修正される要因について述べている．

### (2)　規格の引用

JIS Q 19011:2019

**5.6　監査プログラムの監視**

監査プログラムをマネジメントする人は，次の事項の評価を確実にすることが望ましい．

**a)**　スケジュールを守り，監査プログラムの目的を達成しているかどうか．

**b)**　監査チームメンバーのパフォーマンス．これには，監査チームのリーダー及び技術専門家を含む.

**c**)　監査計画を履行する監査チームの能力

**d**)　監査依頼者，被監査者，監査員，技術専門家，及びその他関係者からのフィードバック

**e**)　監査プロセス全体における文書化した情報が十分であること及び妥当であること

監査プログラムの修正の必要性を示し得る，幾つかの要因がある．これらの要因には，次の事項に対する変更を含み得る.

— 監査所見
— 被監査者のマネジメントシステムの有効性及び成熟度の，実証されたレベル
— 監査プログラムの有効性
— 監査範囲又は監査プログラムの範囲
— 被監査者のマネジメントシステム
— 規格，及び被監査者である組織がコミットメントするその他の要求事項
— 外部提供者
— 特定した利害抵触
— 監査依頼者の要求事項

### (3)　推奨事項の解説

**①　監査プログラムをマネジメントする人は，次の事項の評価を確実にすることが望ましい.**

監査プログラムが機能しているか否かを評価するために，監査プログラムを監視するための項目を決め，監視方法を明確にすることが大切である．監査する対象には，a) スケジュールの計画の実施状況及び監査プログラムの目的の達成状況，b) 監査チームメンバーの監査手順の順守状況と監査技術のレベルなど，c) 監査チームの監査時間，監査項目などの監査計画の

達成状況，d) 監査にかかわる人々の意見や要望，e) 監査報告書のレベルなどがあり，これらを評価することで，監査プログラムの実施状況を監視できる．

### (4)　実践にあたって

監査プログラムの監視の対象には，監査目的の達成度合い，監査時間の順守状況，監査項目実施率［(監査実施項目数／監査計画項目数）× 100％］，監査報告書の提出遅れ日数，監査報告書の修正件数，監査所見件数，監査員の変更回数，問題発生件数（安全衛生や製品・サービスに与えた問題），改善指摘件数の実施率，監査員の力量向上率，教育訓練の回数などがあるので，監査プログラムでの監視項目を決めることが大切である．

また，監視の結果や監査対象のMSの運営管理に影響を与える要因が問題となる可能性がある場合には，監査プログラムの修正を行う必要がある．

## 5.7　監査プログラムのレビュー及び改善

### (1)　目的

5.6で決めた監視項目に関する情報を収集し，これが意図した結果になっているか否かを評価し，改善が必要な要素を特定し，これを改善することで監査プログラムのパフォーマンスの向上につなげることができる．ここでは，監査プログラムのレビューの対象とレビューの際の考慮事項を述べている．

### (2)　規格の引用

JIS Q 19011:2019

**5.7　監査プログラムのレビュー及び改善**

監査プログラムをマネジメントする人及び監査依頼者は，監査プログラムの目的を達成しているかどうかを評価するために，監査プログラムをレビューすることが望ましい．監査プログラムのレビューから得た知見は，プログラムの改善のインプットとして使用することが望ましい．

監査プログラムをマネジメントする人は，次の事項を確実にすることが望ましい.

— 監査プログラムの全体的な履行のレビュー
— 改善の領域及び改善の機会の特定
— 必要な場合，監査プログラムに対する変更の適用
— **7.6** に従った，監査員の専門能力の継続的開発のレビュー
— 監査プログラムの結果の報告，並びに適宜，監査依頼者及び関連する利害関係者とのレビュー

監査プログラムのレビューでは，次の事項を考慮することが望ましい.

**a)** 監査プログラムの監視の結果及びその傾向
**b)** 監査プログラムのプロセス及び関連する文書化した情報との適合
**c)** 関連する利害関係者から新たに出てきたニーズ及び期待
**d)** 監査プログラムの記録
**e)** 代わりの又は新規の監査方法
**f)** 代わりの又は新規の，監査員を評価する方法
**g)** 監査プログラムに付随する，リスク及び機会並びに内部及び外部の課題に対処する活動の有効性
**h)** 監査プログラムに関係する機密保持及び情報セキュリティ上の課題

### (3)　推奨事項の解説

**① 監査プログラムをマネジメントする人及び監査依頼者は，監査の目的を達成しているかどうかを評価するために，監査プログラムをレビューすることが望ましい.**

監査プログラムのPDCAサイクルを回すためには，活動状況を評価し，改善に結びつけることが監査プログラムのパフォーマンス向上に役立つ．このため，監査が完了した場合には，監査結果のみならず，監査プログラムが適切で，妥当で，有効であったのかを評価することが大切である.

**② 監査プログラムをマネジメントする人は，次の事項を確実に行うことが望ましい．**

監査プログラムの機能に関するレビューを行い，どの機能を改善するのか，それをどの時期に対処するのか，監査プログラムを変更する必要があるのか，監査員の力量開発が必要なのか，監査プログラムの結果報告に問題はないのか，監査にかかわる人々との関係性に問題はないのかについて検討することが大切である．

**③ 監査プログラムのレビューでは，次の事項を考慮することが望ましい．**

監査プログラムのレビューのインプットには，5.6の監視の結果から得られた情報がある．これらの情報をただ単に確認するだけは改善の方向性を明確にすることができないので，これらの情報の分析を行うことが大切である．ここでは，監査プログラムをレビューする目のつけどころをa)～h)について記述している．

### (4)　実践にあたって

監査プログラムの継続的改善のために，監査プログラムのレビュー及び改善を行うことが大切である．このためには，監査プログラムのパフォーマンスに関する指標を明確にし，それを監視及び測定する必要がある．

内部監査では不適合の指摘だけでなく，改善のための指摘が重要であり，改善に関する指摘率などの指標も考慮するとよい．また，不適合指摘件数と品質実績を評価することで監査プログラムの有効性を評価することも可能である．不適合指摘件数が減少傾向にあるにもかかわらず，不適合品率やクレームなどの品質実績が減少しないで変化しないということは，監査の質が低いと考えるべきである．このような場合は，監査員がプロセスの機能に関して適切な評価を行うことができていないと判断し，力量の向上を図る必要がある．

## 2.6　箇条 6 “監査の実施”の解説

### 6　監査の実施

### 6.1　一般

#### (1)　目的

監査を効果的で効率的に実施するためには，監査の開始から監査の完了までの各プロセスを明確にして実施することが大切である．ここでは監査活動の概要について述べている．

#### (2)　規格の引用

JIS Q 19011:2019

**6　監査の実施**

**6.1　一般**

この箇条では，監査プログラムの一部としての個別の監査の準備及び実施の手引を示す．**図 2** は，典型的な監査において実施される活動の概要を示す．この箇条をどの程度適用するかは，個別の監査の目的及び範囲によって異なる．

#### (3)　推奨事項の解説

**①　この箇条をどの程度適用するかは，個別の監査の目的及び範囲によって異なる．**

監査活動では必ず監査の目的に沿って実施するので，画一的に図 2 に示すプロセスになるとは限らない．したがって，監査の目的や範囲を考慮して計画することが大切である．

#### (4)　実践にあたって

監査の実施の機能には，監査の開始（6.2），監査活動の準備（6.3），監査活動の実施（6.4），監査報告書の作成及び配付（6.5），監査の完了（6.6），監査のフォローアップの実施（6.7）があるので，この手順に基づいて監査に関する仕組みを構築するとよい．

## 6.2　監査の開始

### 6.2.1　一般

#### (1)　目的

監査実施を効果的に行うためには，監査チームリーダーが責任をもって活動することが大切である．ここでは，監査の開始にあたっては，監査プログラムのマネジメントのフローとの関係について述べている．

#### (2)　規格の引用

JIS Q 19011:2019

**6.2　監査の開始**

**6.2.1　一般**

監査実施の責任は，監査が完了（**6.6** 参照）するまで，割り当てられた監査チームリーダー（**5.5.5** 参照）が負うことが望ましい．

監査を開始するために，**図1** のステップを考慮することが望ましい．ただし，被監査者，プロセス及び監査の個別の周辺状況によってステップの順序は異なり得る．

#### (3)　推奨事項の解説

**①　監査実施の責任は，監査が完了するまで，割り当てられた監査チームリーダーが負うことが望ましい．**

監査活動は監査チームが主体となって実施するものであり，その責任は監査チームリーダーにあり，監査活動を効果的で効率よく行うために監査開始から監査完了までの活動を管理することが大切である．

#### (4) 実践にあたって

監査チームリーダーは，監査プログラムで指示された内容にしたがって，監査を開始することになるので，監査プログラムの内容に疑問がある場合には，監査プログラムをマネジメントする人に確認を行う必要がある．また，監査チームリーダーは，このステップを確認しながら監査活動を行うが，必ずしもこのステップどおりに行う必要はなく，被監査者の MS の運営管理状況でこれを変更したほうが効果的な場合もある．

### 6.2.2 被監査者との連絡の確立

#### (1) 目的

監査は，被監査者の協力があって成立するものであるので，監査チームリーダーは，被監査者との連絡体制を確立することが大切である．ここでは，被監査者との連絡方法に関する事項について述べている．

#### (2) 規格の引用

JIS Q 19011:2019

**6.2.2 被監査者との連絡の確立**

監査チームリーダーは，次の事項のために被監査者との連絡を確実にすることが望ましい．

**a)** 被監査者の代表者とのコミュニケーションチャネルを確認する．

**b)** 監査を行うための権限を確認する．

**c)** 監査の目的，範囲，基準，方法及び技術専門家を含む監査チームの構成に関連する情報を提供する．

**d)** 計画策定の目的のために関連情報へのアクセスを要請する．関連情報には，組織が特定したリスク及び機会，並びにそれらへどのように対処するかに関する情報を含む．

**e)** 適用される法令・規制要求事項，並びに被監査者の活動，プロセス，製品及びサービスに関連するその他の要求事項を決定する．

**f)** 情報公開の範囲及び機密情報の取扱いに関して，被監査者との合意を確認する．

**g)** スケジュールを含め，監査のための手配をする．

**h)** それぞれの場所に固有の手配事項として，アクセス，安全衛生，セキュリティ，機密保持，その他について決定する．

**i)** オブザーバの参加，及び監査チームのための案内役又は通訳者の必要性について合意する．

**j)** 個別の監査に関係して，被監査者に対する利害，懸念事項，又はリスクの，あらゆる領域を決定する．

**k)** 被監査者又は監査依頼者とともに，監査チームの構成に関する課題を解決する．

### (3) 推奨事項の解説

**① 監査チームリーダーは，次の事項のために被監査者との連絡を確実にすることが望ましい．**

監査チームリーダーは，監査を効果的で効率よくするために，a)～k)に関する行動により，被監査者と連絡をとる方法を確立しておくことが大切である．このためには，監査活動の準備，監査活動の実施に関して被監査者とのコミュニケーションを効果的で効率よくする方法を確立する必要がある．

**② a) 被監査者の代表者とのコミュニケーションチャネルを確認する．**

監査遂行上の問題点が発生した場合は，監査チームリーダーは被監査者とだけで対応するのではなく，その代表者との連絡をどのような方法でとるのかを決めておくことが大切である．

### (4) 実践にあたって

監査の連絡方法としては，一般的には，監査プログラムをマネジメントする人が被監査者に対して，監査目的，範囲，方法，監査実施日，監査メンバーなどの通知を文書により行う場合が多い．これらの基本的な連絡事項が完了した後に，監査チームリーダーが具体的に監査を進めるための情報確認のため，被監査者に連絡をとることが効果的である．

### 6.2.3　監査の実施可能性の決定

#### (1)　目的

監査はその目的を達成するために，いろいろな準備を行ったうえで実施することで効果的で効率的に推進でき，成果を挙げることができる．このため，監査に先立って，監査を実施することが可能であるかを検討することが大切である．ここでは，実施可能性を決定するための検討事項について述べている．

#### (2)　規格の引用

JIS Q 19011:2019

**6.2.3　監査の実施可能性の決定**

監査目的を達成し得るという合理的な確信を得るために，監査の実施可能性を決定することが望ましい．

実施可能性の決定には，次の要素が利用可能であるかどうかを考慮に入れることが望ましい．

**a)**　監査の計画を策定し，監査を行うための十分かつ適切な情報

**b)**　被監査者の十分な協力

**c)**　監査を行うための十分な時間及び資源

**注記**　資源には，十分かつ適切な情報通信技術へのアクセスを含む．

監査が実施不可能な場合，被監査者との合意の上で，監査依頼者に代替案を提示することが望ましい．

#### (3)　推奨事項の解説

**①　実施可能性の決定には，次の要素が利用可能であるかどうかを考慮に入れ**

ることが望ましい．

監査を開始してから問題が発生した場合には，これについての対応を行うため，監査計画どおりに進めることができなくなる恐れがあるので，監査開始の前に監査を実施するための障害がないことを確認すべき事項としてa)〜c)について考慮することが大切である．

a)の情報には，監査対象に関する活動状況などが含まれる．b)では，監査チームが希望する監査方法に対応してもらえるのか否か，c)では，監査に必要な時間や資源がとれるのか否かを考えることを検討して監査実施の確定をすることが大切である．

#### (4)　実践にあたって

監査チームリーダーは，監査プログラムをマネジメントする人から指示された計画どおりに監査を実施するのではなく，その計画に無理はないか，不足している要素はないかなどを検討し，問題がある場合には，監査プログラムの計画の変更案の提案が重要である．

## 6.3　監査活動の準備

### 6.3.1　文書化した情報のレビューの実施

#### (1)　目的

監査は，決められた時間枠内で効果的で効率よく実施する必要があるので，準備を入念に行うことが大切である．その第一が被監査者のMSの文書や記録の確認を行うことである．ここでは，文書化した情報に関するレビューの内容について述べている．

#### (2)　規格の引用

JIS Q 19011:2019

**6.3　監査活動の準備**

**6.3.1　文書化した情報のレビューの実施**

次の事項のために，関連する被監査者のマネジメントシステムの文書化した情報をレビューすることが望ましい.

— 被監査者の運用を理解し，監査活動の準備をするための情報，及び適用される監査作業文書（**6.3.4** 参照），例えばプロセス，機能などに関する監査作業文書を集める
— 監査基準への適合の可能性を決定し，不備，脱落，不一致などのような潜在的な懸念領域を検出するために，文書化した情報の範囲の全体像を確立する.

文書化した情報には，マネジメントシステム文書及び記録，並びに前回までの監査報告を含めることが望ましいが，これらに限定されない．レビューでは，被監査者の組織の規模，性質，複雑さ，並びに関連するリスク及び機会を含む，組織の状況を考慮に入れることが望ましい．また，監査範囲，監査基準及び監査目的も考慮に入れることが望ましい.

**注記**　どのように情報を検証するかについての手引を **A.5** に示す.

### (3)　推奨事項の解説

**① 関連する被監査者のマネジメントシステムの文書化した情報をレビューすることが望ましい.**

監査の準備段階として，監査活動を効果的で効率よく行うために，監査対象組織の MS の活動状況を確認するために必要な文書や記録をレビューすることが大切である．文書化した情報のレビューでは，被監査者の MS で使用されている作業手順書などの規定類やそれに関する記録が，適切で妥当で，又は有効であるかを確認することが大切である.

**② レビューでは，被監査者の組織の規模，性質，複雑さ，及び関連するリスク及び機会を含む，組織の状況を考慮に入れることが望ましい.**

特に小規模組織の文書化した情報を確認する際には，被監査者の MS の活動の特徴を考慮して，文書の形態や記録のフォーマットなどに左右されな

いようなレビューを行うことが大切である．

#### (4)　実践にあたって

監査対象となる文書や記録については，全ての情報をレビューすることは困難なので，標準化の体系はどのようになっているのか，どのような文書や記録があるのか，最近の制定・改訂状況はどのようになっているか，被監査者のMSの活動状況におけるリスクや機会にはどのようなものがあるのかなどについて確認をすることが重要である．なお，これらの情報では，前回の監査での指摘の改善状況についても確認を行う必要がある．

### 6.3.2　監査計画の策定

#### 6.3.2.1　計画策定へのリスクに基づくアプローチ

#### (1)　目的

監査計画を策定する際には，監査実施におけるリスクを考慮し，その対応を検討することで問題発生を未然に防ぐことができる．このため，監査計画策定時に監査活動におけるリスクを検討し，この対策を講じていくことが大切である．ここでは，監査計画の策定におけるリスクを含む考慮事項を述べている．

#### (2)　規格の引用

JIS Q 19011:2019

**6.3.2　監査計画の策定**

**6.3.2.1　計画策定へのリスクに基づくアプローチ**

監査チームリーダーは，監査プログラム中の情報及び被監査者から提供される文書化した情報に基づいて，監査計画の策定にリスクに基づくアプローチを採用することが望ましい．

監査計画の策定は，被監査者のプロセスに関する監査活動のリスクを考慮することが望ましく，また，監査依頼者，監査チーム及び被監査者の間で，監査の実施に関する合意形成の基礎を提示することが望ましい．監査計画の策定によって，監査目的を有効に達成するための監査活動の効率的なスケジュールの策定及び調整を行いやすくすることが望ましい．

監査計画に提示する詳細さの程度は，監査の範囲及び複雑さ，並びに監査目的を達成できないリスクを反映していることが望ましい．監査計画の策定に当たって，監査チームリーダーは次の事項を考慮することが望ましい．

**a**）　監査チームの構成及びその全体としての力量

**b**）　適切なサンプリング技法（**A.6** 参照）

**c**）　監査活動の有効性及び効率を改善する機会

**d**）　有効でない監査計画の策定によって生み出される，監査目的の達成に対するリスク

**e**）　監査の実施によって生み出される，被監査者に対するリスク

被監査者に対するリスクとなり得ることとして，監査チームメンバーの存在が，被監査者の安全衛生，環境及び品質に悪影響を与えること，並びにその製品，サービス，要員又はインフラストラクチャに対して脅威となることがある（例えば，クリーンルーム設備内の汚染）．

複合監査については，異なるマネジメントシステムの運用プロセス間の相互関係，並びにあらゆる競合する目的及びそれらの優先順位に対して特別の注意を払うことが望ましい．

### （3）　推奨事項の解説

**①　監査チームリーダーは，監査プログラム中の情報及び被監査者から提供される文書化した情報に基づいて，監査計画の策定にリスクに基づくアプローチを採用することが望ましい．**

監査チームリーダーは，監査計画を策定する責任があるので，収集した情報をもとに監査計画を策定するが，監査時間が不足することにより計画どおりに終わらない，交通事情により計画どおりに移動できなくなり監査時間が遅れるなどのリスクについても検討して策定することが大切である．

② **監査計画の策定によって，監査目的を有効に達成するための監査活動の効率的なスケジュールの策定及び調整を行いやすくすることが望ましい．**

監査チームリーダーは監査活動をスムーズに行うため，被監査者のMSの運営状況を考慮した監査計画を策定することが大切である．この監査計画をもとに，監査時間を考慮した監査スケジュールを策定でき，この変更管理がスムーズにできることになる．

③ **監査計画の策定にあたって，監査チームリーダーは，次の事項を考慮することが望ましい．**

a) は監査メンバーの監査員の力量を考えて監査対象の割当てを検討する，b) は，監査対象のサンプリングの方法を検討する，c) は監査活動が計画どおりにできることと効率的にできるような方法を検討する，d) は監査目的に関するリスクを検討する，e) は被監査者のMSに与えるリスクの検討の結果を監査計画に反映することが大切である．

④ **複合監査については，異なるマネジメントシステムの運用プロセス間の相互関係，並びにあらゆる競合する目的及びそれらの優先順位に対して特別の注意を払うことが望ましい．**

複合監査では，例えば，製品実現のプロセスでは，品質，環境，情報セキュリティ，労働安全などに関する要求事項が含まれているので，その重要性を考慮して監査計画を作成することが大切である．

### (4)　実践にあたって

監査計画の策定にあたっては，監査員の力量を考慮して，誰をどの監査対象に割り当てるのか，監査対象の母集団からどのようなサンプルを抽出すれば効果的か，監査活動の有効性及び効率を改善する機会には何があるか，効果的でない監査計画によって監査目的の達成に関してどのようなリスクがあるか，監査活動で被監査者に対してどのようなリスク（製品を壊す，生産ラインを停止する，作業の停滞など）があるのかを考える必要がある．

複合監査では，監査対象が各MS（QMS，EMS，ISMS，OHSMSなど）

へ与える影響度を考慮し，影響度の大きい MS への時間配分や質問の順番などを決定することが重要である．

#### 6.3.2.2　監査計画の策定の詳細

**(1)　目的**

監査計画を詳細に策定する際には，内部監査と第二者監査ではその内容には相違点があるので，該当する監査の特徴を考慮することが大切である．また，監査活動の進捗状況に応じて変更せざるを得ない場合があるので，その際には柔軟に対応することが大切である．ここでは，監査計画に含める事項を述べている．

**(2)　規格の引用**

JIS Q 19011:2019

**6.3.2.2　監査計画の策定の詳細**

監査計画の策定の規模及び内容は，例えば初回の監査とその後に続く監査とで異なり得る．また，内部監査と外部監査とでも同様である．監査計画の策定は，監査活動の進行に伴って必要となり得る変更を許容する十分な柔軟性をもっていることが望ましい．

監査計画の策定は，次の事項に対処するか，又はその参照先を示すことが望ましい．

**a)**　監査目的

**b)**　監査範囲．これには，監査の対象となる組織及び組織の機能並びにプロセスの特定を含む．

**c)**　監査基準及びあらゆる参照となる文書化した情報

**d)**　監査活動を行う場所（物理的及び仮想的），日程，予定時間及び予定の工数．これには，被監査者の管理層との会議を含む．

**e)**　監査チームが，被監査者の施設及びプロセスを理解する必要性（例えば，物理的な場所の視察，又は情報通信技術のレビューによって）

**f)**　使用する監査方法．これには，十分な監査証拠を得るために必要な監査サンプリングの程度を含む.

**g)** 監査チームメンバーの役割及び責任. 案内役, 及びオブザーバ又は通訳者の役割及び責任も同様である.

**h)** 監査対象となる活動に関係したリスク及び機会の考慮に基づいた, 適切な資源の配分

監査計画の策定には, 必要に応じて, 次の事項を考慮に入れることが望ましい.

— 監査に対する被監査者の代表者の特定

— 監査の作業及び報告に用いる言語で, 監査員若しくは被監査者又はその両方の言語と異なる場合

— 監査報告書の記載項目

— 監査の後方支援(logistics)及びコミュニケーションに関する手配事項. これには, 監査の対象となる場所に対する個別の手配を含む.

— 監査目的の達成に対するリスク及び発生する機会に対処してとるあらゆる個別の処置

— 機密保持及び情報セキュリティに関係する事項

— 前回の監査又はその他の情報源, 例えば, 得られた知見, プロジェクトレビューなどに対するあらゆるフォローアップ処置

— 計画した監査に対するあらゆるフォローアップ活動

— 合同監査の場合, 他の監査活動との調整

監査計画は, 被監査者に提示することが望ましい. 監査計画についてのあらゆる課題は, 監査チームリーダー, 被監査者, 及び必要があれば監査プログラムをマネジメントする人との間で解決することが望ましい.

### (3) 推奨事項の解説

**① 監査計画の策定は, 監査活動の進行に伴って必要となり得る変更を許容する十分な柔軟性をもっていることが望ましい.**

監査計画はその策定後に，被監査者からの情報で変更になることや，監査の進捗状況でスケジュールや監査員の担当などが変更になることがあるので，変更への対応を行えるようにしておくことが大切である．

**② 監査計画の策定は，次の事項に対処するか，又は参照先を示すことが望ましい．**

監査計画を策定する際には，a) ～ h) に関する事項を含めることが大切である．a) ～ c) は，監査担当の事務局から提示される場合が多い．d) は監査スケジュールに関する情報，e) は現場調査に関する情報，f) は単独，複合，合同又は統合などの監査方法に関する情報，g) は監査活動を行う人の役割と責任，h) は監査活動におけるリスクと機会に整合した資源の配分（例えば，時間，設備）を示している．

**③ 監査計画の策定には，必要に応じて，次の事項を考慮に入れることが望ましい．**

a）～ h）に加えて 9 項目の考慮事項で必要なものがある場合には，これについても監査計画に含めることが大切である．

**④ 監査計画は，被監査者に提示されることが望ましい．**

監査は監査チームだけで行うわけではなく，被監査者の協力のもとで行うものである．このため，監査チームリーダーは監査を効果的かつ効率的に行うため，監査計画を作成し，監査依頼者の承諾を得て，実地監査の前に被監査者に提示することが大切である．

**⑤ 監査計画についてのあらゆる課題は，監査チームリーダー，被監査者，及び必要があれば監査プログラムをマネジメントする人との間で解決することが望ましい．**

監査計画は監査にかかわる人々の理解が必要であり，関係者から計画の実施にあたって課題が提起された場合には，監査チームリーダーは関係者との調整を行うことが大切である．

### (4)　実践にあたって

監査計画には，監査の基本事項と監査スケジュールを含むことが効果的である．その例を表2.2及び表2.3に示す．なお，一般的には，監査計画書は監査担当部門で策定し，監査チームリーダーと調整することが多い．

**表2.2**　監査計画書（定期）の例

1．監査目的
××マニュアルに基づいて，△△MSが効果的で効率的に運営管理されているかを評価する．
2．監査範囲
××MSを運営管理している部門，20××年○○月～20××年△△月の活動状況
3．監査基準
ISO○○○，××マニュアル
4．監査場所
本社，○○工場，○○営業所，△△営業所
5．監査スケジュール
20○○年△△月××日～20○○年△△月●●日
詳細は別紙のとおり
6．監査方法
現地監査（本社，○○工場），遠隔監査（△△営業所）
7．監査チームメンバー
監査チームリーダー：福丸，監査メンバー：山本，近藤，鈴木
8．資源
安全靴，安全メガネ，防塵服，テレビ会議
9．被監査部門の対応者
各部門の部長又は課長
10．連絡責任者
監査チームの責任者：監査チームリーダー
被監査者の代表：各部門の部長

表 2.3 別紙：監査スケジュール（1 日目）の例

| 時間 | A チーム（福丸, 山本） | 時間 | B チーム（近藤, 鈴木） |
|---|---|---|---|
| 9:00 ～ 10:00 | 社長 | 9:00 ～ 11:00 | 営業部・○○営業所 |
| 10:10 ～ 12:00 | 設計開発部門 | 11:10 ～ 12:00 | △△営業所（遠隔） |
| 12:00 ～ 13:00 | 昼食休憩・監査チーム打合せ | | |
| 13:00 ～ 14:30 | 設計開発部門 | 13:00 ～ 13:30 | 移動 |
| 14:40 ～ 16:30 | 購買部門 | 13:30 ～ 16:30 | ○○工場，製造部門 |
| 16:30 ～ 17:00 | 1 日目のまとめ | | |

### 6.3.3 監査チームへの作業の割当て

#### (1) 目的

監査チームは，監査チームリーダーと監査メンバーで構成されるので，監査チームリーダーは，同じ内容を確認したり，サンプルが同じようなものを抽出したりするといった問題が発生することを避けるため，各監査メンバーに監査を担当する機能やプロセスなどを割り当てることで効果的で効率的な監査活動を推進できる．ここでは，作業の割当てにあたっての考え方を述べている．

#### (2) 規格の引用

JIS Q 19011:2019

**6.3.3 監査チームへの作業の割当て**

監査チームリーダーは，監査チームと協議し，チームメンバー各々に，個別のプロセス，活動，機能又は場所を監査する責任を，及び該当する場合は，意思決定の権限を割り当てることが望ましい．このような割当てを行う際には，監査員の公平性及び客観性並びに力量を考慮に入れるとともに，資源の有効な利用並びに監査員，訓練中の監査員及び技術専門家それぞれの異なる役割及び責任を考慮に入れることが望ましい．

監査チーム会議は，作業分担の割当て及び起こり得る変更について決定するために，適宜，監査チームリーダーが開催することが望ましい．監査目的の達成を確実にするために，監査の進行に伴い，作業分担を変更することができる．

### (3)　推奨事項の解説

① **このような割当てを行う際には，監査員の公平性及び客観性並びに力量を考慮に入れることが望ましい．**

監査員はMSの活動状況を公平に評価するため，自身の業務に関して監査を行うことはできない．また，被監査者の活動についての知識と技能が不足していると有効な監査を行うことができないので，割当てを行う場合には，監査員の配属されている部署や力量を考慮して決めることが大切である．

② **監査チーム会議は，作業分担の割当て及び起こり得る変更について決定するために，適宜，監査チームリーダーが開催することが望ましい．**

監査チームリーダーは，監査開始にあたって監査チームメンバーに自身の役割を認識させること，監査メンバーが担当する部門やプロセスを計画し，その内容について監査メンバーとの意見交換を図るため，監査チーム会議を開催することが大切である．

### (4)　実践にあたって

監査チームリーダーは，監査メンバーと監査を実施する1週間程度前に打合せを行い，監査員の力量を考慮して，誰が何を監査するかについて役割を明確にすることが重要である．また，監査の進捗状況により，監査員の作業分担を変更する場合もある．

## 6.3.4　監査のための文書化した情報の作成

### (1)　目的

監査では事前の準備ができているか否かが結果に大きな影響を与えるので，監査で何を確認する必要があるのかを事前に調査しておくことが大切である．ここでは，監査のために必要な文書化した情報の作成について述べている．

### (2)　規格の引用

JIS Q 19011:2019

**6.3.4　監査のための文書化した情報の作成**

監査チームメンバーは，監査の割当てに関連する情報を収集及びレビューし，並びに適切な媒体を用いて，その監査のための文書化した情報を作成することが望ましい．監査のための文書化した情報には，次の事項を含み得るが，これらに限らない．

**a)**　チェックリスト．これには，物理的又は電子的なものがある．

**b)**　監査サンプリングの詳細

**c)**　視聴覚情報

これらの媒体の利用が，監査活動の及ぶ領域を限定しないことが望ましい．この監査活動の及ぶ領域は，監査中に収集した情報の結果として変化し得る．

**注記**　監査作業文書の作成に関する手引を **A.13** に示す．

監査のため又は監査の結果として作成した文書化した情報は，少なくとも監査が完了するまで，又は監査プログラムで定めたとおりに，保持することが望ましい．監査完了後の文書化した情報の保持は，**6.6** に示す．監査プロセス中に作成した，機密情報又は所有者情報を含む文書化した情報は，監査チームメンバーが常に適切な安全対策を施すことが望ましい．

### (3)　推奨事項の解説

**①　監査のための文書化した情報には，次の事項を含み得るが，これらに限ら**

**ない.**

監査は計画された時間内で実施する必要があり，このためには事前にどのような情報をもとに何を確認するかついての監査ストーリーを立てておくことが大切である．ここでは，情報の例としてa)～c)が示されている．

② **これらの媒体の利用が,監査活動の及ぶ領域を限定しないことが望ましい.**

作成した文書化した情報だけを使用して監査を行うと範囲が狭まるので，a)～c)に限定して監査することは効果的でない．

③ **この監査活動の及ぶ領域は,監査中に収集した情報の結果として変化し得る.**

当初計画した情報を確認しようとしても，監査の進捗状況に応じて他の情報や追加的な情報収集が必要になる場合がある．

### (4)　実践にあたって

監査を効果的に行うためには，チェックリストやチェックシートを活用すると効果的で効率的である．なお，チェックリストは監査の漏れを防ぐツール，チェックシートは重要な要素について質問の内容を記載したもので監査を効率的に行うツールである．チェックリストの例を表2.4に，チェックシートの例を表2.5に示す．

**表2.4**　チェックリストの例

| MS要求事項 | チェック項目 | 結果 | 証拠 |
|---|---|---|---|
| 文書管理 | 改訂された文書は，関連する部門で内容が確認され，責任者が承認しているか | | |
| | 文書は決めた時期にレビューしているか | | |
| | 改訂された文書は改訂時期及び理由が記載されているか | | |

**表 2.5**　チェックシートの例

| 重点<br>監査項目 | 重要な MS<br>要求事項 | 確認のための<br>情報 | 確認したい<br>活動 | 質問 |
|---|---|---|---|---|
| 工程管理 | 7.1.3 インフラストラクチャの管理 | 設備保全台帳 | 設備の故障状況の評価をしているか | 今年度の設備保全計画について説明してください. |
| | 9.1.1 プロセスの監視及び測定 | 工程分析のデータ（工程能力指数，管理図） | 日々のデータから問題点を検出しているか | 品質特性の管理方法について説明してください. |

## 6.4　監査活動の実施

### 6.4.1　一般

**(1)　目的**

監査活動は，監査プログラムのマネジメントのためのプロセスフローに従って行うことが効果的で効率的である．ただし，監査によっては必ずしもこの手順になるとは限らない.

**(2)　規格の引用**

JIS Q 19011:2019

**6.4　監査活動の実施**

**6.4.1　一般**

監査活動は，通常，**図 1** で示す，定めた順序で行う．この順序は，個別の監査の状況に合わせて変えてよい.

**(3)　推奨事項の解説**

① **この順序は，個別の監査の状況に合わせて変えてよい.**

この手順は基本的なものであるので，監査の種類や監査の方法によって変えてもよい．

### (4)　実践にあたって

監査活動の手順は図1を参考にして，より効果的な方法があればこれに基づいて実施するとよい．

## 6.4.2　案内役及びオブザーバの役割及び責任の割当て

### (1)　目的

監査活動に関係する案内役及びオブザーバは，監査活動を行うことはできないが，監査員への支援をすることは可能であるので，どのような行動ができるかを明確にすることが大切である．ここでは，案内役及びオブザーバが必要な場合の役割と責任について述べている．

### (2)　規格の引用

JIS Q 19011:2019

**6.4.2　案内役及びオブザーバの役割及び責任の割当て**

案内役及びオブザーバは，必要があれば，監査チームリーダー，監査依頼者及び／又は被監査者の承認を得て，監査チームに同行してよい．案内役及びオブザーバは，監査の実施に影響を及ぼしたり，妨害をしたりしないことが望ましい．これが保証できない場合，監査チームリーダーは，オブザーバの一定の監査活動への参加を拒否する権利をもつことが望ましい．

オブザーバについては，アクセス，安全衛生，環境，セキュリティ及び機密保持に関するあらゆる取決めを，監査依頼者と被監査者との間でマネジメントすることが望ましい．

被監査者に指名された案内役は，監査チームを手助けし，監査チームリーダー又は担当する監査員の要請に応じて行動することが望ましい．案内役の責任には，次の事項を含めることが望ましい．

**a)**　インタビューに参加する個人の特定並びにインタビューのタイミング及び場所の確認において監査員を手助けする．

**b)**　被監査者の特定の場所へのアクセスを手配する．

**c)**　アクセスに関する場所固有の取決め，安全衛生，環境，セキュリティ，機密保持，及びその他の課題に関わる規則について，監査チームメンバー及びオブザーバへの周知及び順守，並びにあらゆるリスクへの対処を確実にする．

**d)**　適宜，被監査者の代理として監査に立ち会う．

**e)**　必要があれば，情報収集において不明な点を明らかにし，又は情報収集の手助けをする．

### (3)　推奨事項の解説

**①　案内役及びオブザーバは，監査の実施に影響を及ぼしたり，妨害をしたりしないことが望ましい．**

監査活動は監査員の役割であり，案内役及びオブザーバはあくまでも監査員から助言を求められた時だけサポートを行うものである．

オブザーバの例には，監査員候補者の教育の一環としてこの監査員候補者を監査チームに同行させる，第二者監査の指導のためにコンサルタントが同行する場合などがある．

案内役及びオブザーバは監査チームメンバーではないので，監査活動に口をさしはさむなどの行動をしないように事前に説明しておく必要がある．

**②　案内役の責任には，次の事項を含めることが望ましい．**

案内役は，監査員の要請に応じて行動する必要があり，被監査者が指名し，a) ～ e) にかかわる責任を決めておくことが大切である．

### (4)　実践にあたって

内部監査では一般的には案内役は必要ないが，案内役が存在する例としては，内部監査をアウトソースしている場合が該当する．この場合は，内部監査員が組織の代理人になるので，被監査者の支援が必要になる場合がある．一方，第二者監査では，例えば，被監査者の窓口である部門の責任者が案内役になる場合がある．

### 6.4.3　初回会議の実施

#### (1)　目的

初回会議は，監査活動を始めるにあたって被監査者に監査に関する目的や手順などについて理解してもらうために行うものである．ここでは，初回会議の目的，初回会議での確認事項，監査所見の報告，被監査者からの意義申し立てなどについて述べている．

#### (2)　規格の引用

JIS Q 19011:2019

**6.4.3　初回会議の実施**

初回会議の目的は，次の事項を行うことである．

**a)**　監査計画に対して，全ての参加者（例えば，被監査者，監査チーム）の合意を確認する．

**b)**　監査チーム及びその役割を紹介する．

**c)**　全ての計画した監査活動を行い得ることを確実にする．

初回会議は，被監査者の管理層，及び適切な場合には，監査の対象となる機能又はプロセスの責任者が，参加して開催することが望ましい．会議中，質問をする機会を与えることが望ましい．

詳細さの程度は，被監査者の監査プロセスへの精通度に合致したものであることが望ましい．多くの場合には，例えば，小規模な組織での内部監査では，初回会議は，単に監査がこれから行われることを伝え，その監査の性質を説明するだけでもよい．

それ以外の監査の場合では，初回会議は正式なものとしてよい．その場合には，出席者の記録を保持することが望ましい．初回会議では，監査チームリーダーが議長を務めることが望ましい．

次の事項の紹介を適宜考慮することが望ましい．

— オブザーバ及び案内役，通訳者を含むその他の参加者，並びにそれぞれの役割の概要
— 組織に対するリスクをマネジメントする監査方法．このリスクは，監査チームメンバーの存在に起因するかもしれない．

次の事項の確認を適宜考慮することが望ましい．

— 監査の目的，範囲及び基準
— 監査計画及び他の関連する被監査者との取決め，並びに必要な変更．取決めとは，例えば，監査チームと被監査者の管理層との間の，最終会議及び中間会議の日時．
— 監査チームと被監査者との間の正式なコミュニケーションチャネル
— 監査に使用する言語
— 監査中は，監査の進捗状況を被監査者に常に知らせること
— 監査チームが必要とする資源及び施設が利用可能であること
— 機密保持及び情報セキュリティに関係する事項
— 監査チームに対する，関連するアクセス，安全衛生，セキュリティ，緊急時及びその他の取決め
— 監査の実施に影響し得る現地（サイト）での活動

次の事項に関する情報の提示を適宜考慮することが望ましい．

— 存在する場合，格付基準を含む，監査所見の報告の方法
— 監査を打ち切ってよい条件
— 監査中に出てくる可能性のある所見の取扱い方
— 苦情又は異議申立てを含む監査所見又は監査結論についての，被監査者からのフィードバックのためのシステム

### (3) 推奨事項の解説

**① 初回会議では，監査チームリーダーが議長を務めることが望ましい．**

監査実施の責任者は監査チームリーダーであるので，初回会議の議事進行を行うことが大切である．

**② 次の事項の紹介を適宜考慮することが望ましい．**

9項目のビュレットは監査を効果的で効率的に行うためのものであり，今回の監査で必要なものを選択して確認を行うことが効果的である．

**③ 次の事項に関する情報の提示を適宜考慮することが望ましい．**

4項目のビュレットに関する情報は監査結果の取扱いに関するものであり，今回の監査で必要なものを選択して確認を行うことが効果的である．

### (4) 実践にあたって

初回会議では監査チームリーダーが被監査者に対して，これから行う監査活動の目的や範囲，指摘事項の取扱いなどに関する情報を提供する必要がある．なお，初回会議で確認する内容に漏れがないように表2.6に示すようなチェックリストを用意するとよい．

内部監査における初回会議には，次に示す二つの方法がある．

① 内部監査の推進事務局が議長となり，被監査者全員を集めて今回の監査の目的及び確認事項に関して説明を行う方法

② 監査チームリーダーが議長となり，被監査者ごとに内部監査事務局から指示された内容に従って説明を行う方法

一般的には，小規模組織の場合には①が効果的であるが，組織の規模が大きくなると関係者全員を集合させることは時間的にも限界があるので，②の方が効果的である．②の場合には，10分程度で終わるようにするとよい．

第二者監査の場合には，組織と提供者との契約上の関係となるので，監査チームリーダーが議長となり，被監査者全員に対して今回の監査の目的及び確認事項に関して説明を行う方法をとる．

**表 2.6**　初回会議チェックリストの例

| 確認項目 | 確認結果 |
| --- | --- |
| 監査チームの紹介，各人の役割説明 | |
| 監査の目的，範囲及び基準の確認 | |
| 監査計画の確認 | |
| 最終会議の日時の確認 | |
| 監査チームと被監査者との間の正式なコミュニケーションの方法の確認 | |
| 監査の進捗状況の被監査者への伝達の確認 | |
| 監査チームが必要とする資源及び施設の確認 | |
| 機密保持及び情報セキュリティに関係する事項に関する確認 | |
| 監査チームに対する，関連するアクセス，安全衛生，セキュリティ，緊急時及びその他の取決めの確認 | |
| 監査の実施に影響し得る現地（サイト）での活動の確認 | |
| 監査所見の報告の方法の確認 | |
| 監査中に出てくる可能性のある所見の取扱い方の確認 | |

### 6.4.4　監査中のコミュニケーション

**(1)　目的**

監査の最中には，監査の実施上の問題発生や監査活動の調整などが必要になる場合がある．このため，監査チーム内や被監査者などとコミュニケーションを行うための仕組みを確立しておくことが大切である．ここでは，コミュニケーションの対象とその情報提供について述べている．

**(2)　規格の引用**

JIS Q 19011:2019

**6.4.4　監査中のコミュニケーション**

監査中，監査チーム内，並びに被監査者，監査依頼者及び必要であれば外部の利害関係者（例えば，規制当局）とのコミュニケーションについて，正式な取決めが必要となることがある．特に，法令・規制要求事項の不適合について，報告が義務として求められる場合である．

監査チームは，情報交換，監査進捗状況の評価，及び必要な場合には，監査チームメンバー間での作業の再割当てのために，定期的に打ち合せることが望ましい．

監査中，監査チームリーダーは，進捗状況，あらゆる重大な所見及びあらゆる懸念事項を，被監査者及び適宜，監査依頼者に，定期的に連絡することが望ましい．監査中に収集した証拠で緊急かつ重大なリスクを示唆するものがあれば，被監査者及び適宜，監査依頼者に，遅滞なく報告することが望ましい．監査範囲外の課題に関するいかなる懸念も，監査依頼者及び被監査者に連絡をとる場合に備えて，メモをとり，監査チームリーダーに報告することが望ましい．

入手できる監査証拠から監査目的が達成できないことが明確になった場合には，監査チームリーダーは，適切な処置を決定するために，監査依頼者及び被監査者へ監査目的が達成できない理由を報告することが望ましい．このような処置には，監査計画の変更，監査目的若しくは監査範囲の変更，又は監査の打切りを含めてもよい．

監査活動の進捗に伴って監査計画の変更の必要が明らかになった場合には，このような変更の必要性を，監査プログラムをマネジメントする人及び監査依頼者の双方が適宜レビュー及び受諾し，被監査者に報告することが望ましい．

### (3)　推奨事項の解説

**①　監査チームは，情報交換，監査進捗状況の評価，及び必要な場合には，監査チームメンバー間での作業の再割当てのために，定期的に打ち合せることが望ましい．**

監査活動は必ずしも監査スケジュールどおりに進むとは限らないので，休憩時間などを利用して監査メンバー間で進捗状況などに関して連絡をとり，監査を効率的に行うことが大切である．

**② 監査中に収集した証拠で緊急かつ重大なリスクを示唆するものがあれば，被監査者及び適宜，監査依頼者に，遅滞なく報告することが望ましい．**

監査中に収集した証拠のうち，例えば，法令規制要求事項に違反している，記録の意図した改ざんなど当該MSへ重大な影響を与えるものを検出した場合には，迅速に被監査者や監査依頼者に報告をすることが大切である．

#### (4)　実践にあたって

監査は必ずしも計画どおり実施できるとは限らないので，問題が発生した場合には，監査チーム内や被監査者などと適切にコミュニケーションをとる必要がある．

監査メンバーが分かれて個々に監査を行っている場合には，連絡のルールを決めておく必要がある．例えば，個別部門の監査が終了した後，午前中の監査が終了した後，1日の監査が終了した時点で監査チームとしての監査結果の情報の共有を図るため，定期的に打合せを実施することが効果的である．この結果から監査スケジュールの変更が必要な場合には，監査チームリーダーが被監査者と調整を行って，監査スケジュールの変更を実施することになる．

また，MSの運営管理上の大きな問題（法令違反，情報漏洩，データの改ざんなど）を検出した場合には，被監査者や監査依頼者に速やかに報告を行い，適切な指示を仰ぐ必要がある．

### 6.4.5　監査情報の入手可能性及びアクセス

#### (1)　目的

監査では，MSの適合性や有効性を評価する必要があり，このためにはMSの運営管理状況に関する情報を収集することが大切である．ここでは，監査情報の入手及びそれに対するアクセスについて述べている.

### (2)　規格の引用

JIS Q 19011:2019

**6.4.5　監査情報の入手可能性及びアクセス**

監査のために選択する監査方法は，定められた監査の目的，範囲及び基準，並びに期間及び場所による．場所とは，特定の監査活動に必要な情報を監査チームが入手することができる所である．これには，物理的及び仮想的な場所を含めてもよい.

どこで，いつ，どのように監査情報にアクセスできるかという点は監査において極めて重要である．これは，情報が生成，利用及び／又は保管される場所に影響を受けない．これらの課題に基づいて監査方法を決定する必要がある（**表 A.1** 参照)．監査は，複数の方法を組み合わせて使用することができる．また，監査をめぐる状況から，その方法を監査中に変更する意味合いが生じる場合がある.

### (3)　推奨事項の解説

**①　どこで，いつ，どのように監査情報にアクセスできるかという点は監査において極めて重要である.**

監査方法には，監査員の活動場所（現地又は遠隔）と対話（人との直接対話での人的交流，機器，施設及び文書類との非人的交流）による方法があるので，どこで，いつ，どのように監査情報にアクセスできるかという点を考慮することが大切である.

### (4)　実践にあたって

監査員は適合・不適合又は改善の機会を明確にするためには，被監査者が運営管理している MS の状況に関する情報をチェックリストやチェックシートなどを用いて収集する必要がある．この情報収集にあたっては，被監査者が保有している文書や記録，被監査者の MS の活動実態やその説明の結果から得られるので，これらに着目することが重要である．

### 6.4.6　監査の実施中の，文書化した情報のレビュー

#### (1)　目的

監査で MS の活動状況を評価するためには，被監査者が使用している文書やその結果としての記録が適切で，妥当で，有効かをレビューすることが大切である．ここでは，レビューの目的とレビュー対象の情報の確認ができない場合についての取扱いについて述べている．

#### (2)　規格の引用

JIS Q 19011:2019

**6.4.6　監査の実施中の，文書化した情報のレビュー**

被監査者の，関連する文書化した情報は，次の事項を行うために，レビューすることが望ましい．

— 文書化された範囲で，監査基準に対する，システムの適合性を決定する．

— 監査活動を支援する情報を集める．

**注記**　どのように情報を検証するかについての手引を **A.5** に示す．

レビューは，その他の監査活動と組み合わせてよく，また，監査の実施の有効性に支障を来さなければ，監査を通じて継続して行ってよい．

監査計画で与えられた時間枠内に，十分な文書化した情報が提供されなかった場合には，監査チームリーダーは，監査プログラムをマネジメントする人及び被監査者の双方に，その旨を知らせることが望ましい．監査の目的及び範囲によって，監査を続行するか，又は文書化した情報に関する懸念が解決するまで中断するか，について決定することが望ましい．

### (3)　推奨事項の解説

**①　どのように情報を検証するかについての手引を A.5 に示す.**

A.5 では次のように示している.

監査員は，情報が，要求事項を満たしていることを実証するのに十分な客観的証拠を提供するものであるかどうか，例えば，次の事項を考慮することが望ましい.

**a)**　完全である（全ての期待される内容が文書化した情報に含まれている.）.

**b)**　適正である（内容が規格及び規制のような他の信頼できる情報源に適合している.）.

**c)**　一貫している（文書化した情報が，それ自体で一貫している，及び関係する文書との一貫性がある.）.

**d)**　現行のものである（内容が更新されている）.

**②　監査の目的及び範囲によって，監査を続行するか，又は文書化した情報に関する懸念が解決するまで中断するか，について決定することが望ましい.**

監査チームリーダーは，文書化した情報の収集に問題があることで監査活動に支障がある場合には，監査活動をこのまま続けるのか否かについて決定することが大切である.

### (4)　実践にあたって

監査では，MS の活動の証拠となる監査基準である文書や記録を確認することが必要である．文書や記録があるので適合と判断するのではなく，この文書に記載された活動が効果的であるか又は効率的であるか，記録は決めたとおりに作成されているかについて確認することが重要である.

監査員が要求した情報について意図的に提示されなかったりした場合には，監査プログラムをマネジメントする人及び被監査者の双方へ連絡をし，監査チームリーダーは監査の継続を行うのか，中止するのかを決めることが必要である.

### 6.4.7　情報の収集及び検証

**(1)　目的**

監査では被監査者の MS の活動を評価するためには，監査基準や監査証拠に関する情報を収集することが大切である．しかし，監査では監査時間の制約上すべての情報に関する監査を行うことはできないので，これらの情報はサンプリングで収集することになる．ここでは，サンプリングの手段，証拠の記録や情報収集の方法について述べている．

**(2)　規格の引用**

JIS Q 19011:2019

**6.4.7　情報の収集及び検証**

監査中は，監査の目的，範囲及び基準に関連する情報を，機能，活動及びプロセス間のインタフェースに関係する情報を含めて，実践できる限り，適切なサンプリング手段によって収集し，検証することが望ましい．

**注記 1**　情報の検証については **A.5** を参照．

**注記 2**　サンプリングについての手引を **A.6** に示す．

ある程度の検証の対象となり得る情報だけを監査証拠として採用することが望ましい．検証の程度が低い場合には，その証拠にどの程度の信頼を置き得るかを決定するために，監査員は各自の専門的な判断を用いることが望ましい．監査所見を導く監査証拠は，記録することが望ましい．客観的証拠の収集中に監査チームが，何らかの新しい若しくは変化した状況，又はリスク若しくは機会に気付いたならば，監査チームはしかるべくこれらに対処することが望ましい．

情報収集から監査結論に至るまでの典型的なプロセスの概要を**図 2** に示す．

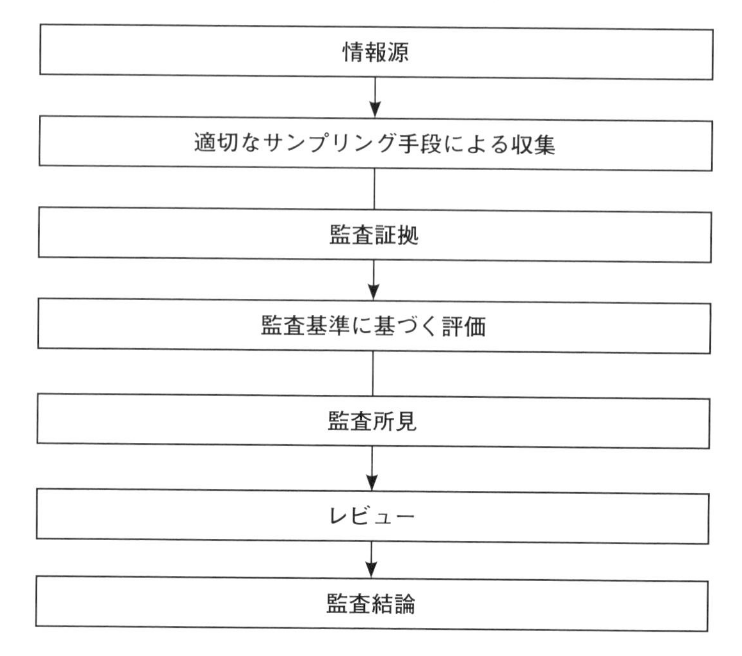


**図2—情報の収集及び検証の典型的なプロセス概要**

情報を収集する方法には，次の事項を含むが，これらに限定されない．

— インタビュー

— 観察

— 文書化した情報のレビュー

**注記3**　情報源の選択，及び観察についての手引を**A.14**に示す．

**注記4**　被監査者の場所を訪問する際の手引を**A.15**に示す．

**注記5**　インタビュー実施についての手引を**A.17**に示す．

**(3)　推奨事項の解説**

**①　監査中は，適切なサンプリング手段によって収集し，検証することが望ましい．**

サンプリング方法には，判断に基づくサンプリングと統計的サンプリングがあるが，監査では一般的には，監査員の力量や経験による判断に基づくサンプリングで行うことが効果的である．また検証では，完全である（全ての期待される内容が文書化した情報に含まれている），適正である（内容が規格及び規制のような他の信頼できる情報源に適合している），一貫している（文書化した情報が，それ自体で一貫している，及び関係する文書との一貫性がある），現行のものである（内容が更新されている）ことに着目することが大切である．

② **監査所見を導く監査証拠は，記録することが望ましい．**

監査結果は監査所見として記録し，報告するため，監査所見は適切で妥当でなければならない．このため，監査所見の作成に必要な情報として監査証拠を明確に記録することが大切である．なお，記録には，4W（Who，When，Where，What）1H（How）に着目することが効果的である．

③ **客観的証拠の収集中に監査チームが，何らかの新しい若しくは変化した状況，又はリスク若しくは機会に気付いたならば，監査チームはしかるべくこれらに対処することが望ましい．**

監査証拠を収集しているときに，例えば，サンプリングした 1 つの情報からリスクの発生の可能性があると判断した場合には，1 つの情報だけで判断するのではなく，追加のサンプルを採取して判断をすることが大切である．

### (4)　実践にあたって

監査は，時間が限られているのですべての情報について監査することができない．このため，サンプルで評価することになり，サンプルの抽出が監査の有効性を左右するので，どのようなサンプルを抽出するかを事前に検討しておくとよい．サンプルの選定にあたっては次の事項に着目するとよい．

・事業計画で重要課題としているもの

・生産量の多いもの

・顧客への影響が大きいものなど

また，サンプルの数は最低でも3つがあれば適合性の判断が可能である．その根拠は次のとおりである．

サンプルA：適合，サンプルB：不適合，サンプルC：適合の場合には，システム的な問題はないと判断する．一方，サンプルA：適合，サンプルB：不適合，サンプルC：不適合の場合には，システム的な問題があると判断する．

このように，サンプルを3つとれば基本的な判断ができる．

一方，情報収集の方法には，実態を監視する，内容を聴く，手順や記録の確認を行うが，収集する情報は図2.2に示すように，プロセス内の情報を含むものが対象になる．

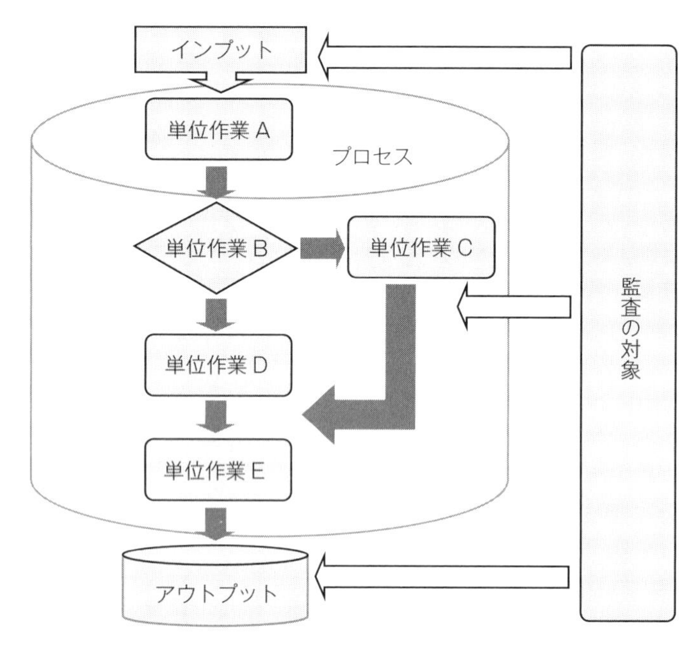


**図2.2**　情報の収集対象

### 6.4.8　監査所見の作成

#### (1)　目的

監査の結果については適合，不適合，改善の機会などについて証拠を明確にするために監査所見を作成することが大切である．監査所見は，監査基準に基づく評価をもとに作成し，監査所見をレビューする人，監査所見に基づいて処置をする人が理解できるものであることが大切である．また，監査所見には，監査計画で示されている場合には，適合性の結果だけでなく，MS の改善に役立つ情報も記載することが効果的である．ここでは，監査所見の作成の考え方について述べている．

### (2)　規格の引用

JIS Q 19011:2019

**6.4.8　監査所見の作成**

監査所見を決定するために，監査基準に照らして監査証拠を評価することが望ましい．監査所見では，監査基準に対して適合又は不適合のいずれかを示すことができる．監査計画で規定されている場合には，個々の監査所見には，根拠となる証拠を伴った適合性及び優れた実践事例，改善の機会，並びに被監査者に対するあらゆる提言を含めることが望ましい．

不適合及びその根拠となる監査証拠は，記録しておくことが望ましい．

不適合は，組織の状況及びそのリスクによって格付けすることが可能である．この格付けは，定量的なもの（例えば，1 から 5）も定性的なもの（例えば，軽微，重大）もあり得る．不適合は，被監査者とレビューすることが望ましい．これは，監査証拠が正確であること，及び不適合の内容が理解されたことについて被監査者の確認を得るためである．監査証拠又は監査所見に関して意見の相違がある場合には，それを解決するためのあらゆる努力を試みることが望ましい．解決できなかった課題は，監査報告書に記録しておくことが望ましい．

監査中の適切な段階で監査所見をレビューするために，監査チームは，必要に応じて打合せをすることが望ましい．

**注記 1**　監査所見の特定及び評価についての追加の手引を **A.18** に示す．

**注記2**　法令・規制要求事項又はその他の要求事項に関係する監査基準に対する適合又は不適合は，順守又は不順守と呼ばれることもある．

**(3)　推奨事項の解説**

**①　監査所見を決定するために，監査基準に照らして監査証拠を評価することが望ましい．**

監査所見には，監査基準に従ってどのような活動が行われていたのかを明確にするため，監査基準と監査証拠を記述することが大切である．

**②　監査計画で規定されている場合には，個々の監査所見には，根拠となる証拠を伴った適合性及び優れた実践事例，改善の機会，並びに被監査者に対するあらゆる提言を含めることが望ましい．**

監査所見には適合性だけでなく，MSのパフォーマンス向上に役立つような良い結果や改善につながる情報についても記述することが好ましい．

**③　不適合は，被監査者とレビューすることが望ましい．**

不適合の場合には，被監査者の同意が必要になるので，監査員と被監査者でその内容が適切なのか，妥当なのかについて確認し，問題がある場合には，修正をすることが大切である．

**④　監査証拠又は監査所見に関して意見の相違がある場合には，それを解決するためのあらゆる努力を試みることが望ましい．**

監査員と被監査者で意見が相違する場合には，監査所見の内容について具体的に事実を説明し，理解してもらう努力をすることが大切である．このためには，監査員が監査基準の意図を説明するとともに証拠を具体的に示すことが大切である．また，被監査者自身に問題があるのではなく，MSのプロセスに問題があるということを認識させる必要がある．

**⑤　監査中の適切な段階で監査所見をレビューするために，監査チームは，必要に応じて打合せをすることが望ましい．**

監査所見の内容は，監査チームとして責任を持っているため，監査活動がすべて終了してからレビューすることは効率的でないので，監査活動の区切りのよいときにレビューをすることが大切である．

**(4)　実践にあたって**

監査員は，監査結果について監査所見を作成する必要があり，この監査所見は監査基準に対して，監査対象が適合か不適合かを明確にしなければならない．なお，明確にするためには，監査基準と監査証拠を一対にして記述することが大切である．特に監査証拠については，トレースできるように識別することが大切である．

例えば，不適合の監査所見の例を次に示す．

“教育訓練規程では，内部監査員は力量基準に基づいて毎年 3 月末に力量を評価し，力量が不足している場合には，翌年度の教育訓練計画に反映するとしているが，今年度の教育訓練計画では，○○氏の力量が 3 月末で力量を満たしていないにもかかわらず，今年度の教育訓練計画に含まれていなかった．”

監査所見は適合性の証拠を明確にするため，これらについての記録を残すことが適切である．また，不適合は組織の状況及びそのリスクによって，重大な不適合，軽微な不適合など格付けすることができる．

なお，不適合は，監査証拠が正確であること，及び不適合の内容が理解されたことについて被監査者に認めてもらうために，被監査者とレビューする．しかし，監査証拠又は監査所見に関して意見の相違がある場合には，それを解決するためのあらゆる努力を試みることが大切であるが，解決できない問題は，監査報告書に記録する．

改善指摘の例として，“ＱＣ工程図の中間検査で破壊試験を 5 個行っているが，最近の結果を見ると問題が発生しておらず工程能力も十分あるのでコストを考慮して破壊試験の個数を減少させたらどうか”，“設計審査の事前資料配付が 3 日前になっているが，各部門で検討する時間を考えて 1 週間前にしたらどうか” などがある．

監査計画には監査チームとしての見解を明確にするために，監査所見をレビューするための時間を確保する必要がある．また，改善対象についても言及することが監査目的に明確化されている場合には，改善の機会及び優れた実践についての指摘をするとよい．なお，改善指摘とは，要求事項は満たしているが仕組みを改善することにより，効果的で効率的になることが期待されることをいう．

### 6.4.9 監査結論の決定

#### 6.4.9.1 最終会議の準備

**(1) 目的**

監査チームリーダーは，最終会議を行う前に監査チームとしての監査結果についての意見を取りまとめるため，最終会議にあたっての準備を行うことが大切である．ここでは，打合せの内容について述べている．

**(2) 規格の引用**

JIS Q 19011:2019

**6.4.9 監査結論の決定**

**6.4.9.1 最終会議の準備**

監査チームは，最終会議に先立って，次の事項を行うために打ち合せることが望ましい．

**a)** 監査所見及び監査中に収集したその他の適切な情報を，監査目的に照らしてレビューする．

**b)** 監査プロセスに内在する不確かさを考慮に入れた上で，監査結論について合意する．

**c)** 監査計画で規定している場合には，提言を作成する．

**d)** 該当する場合には，監査のフォローアップについて協議する．

### (3)　推奨事項の解説

**①　監査チームは，最終会議に先立って，次の事項を行うために打ち合せることが望ましい．**

打合せする項目は，a) 監査結果から得られた情報が適切で妥当かをレビューする，b)MS の活動の結果について，監査チーム内で合意する，c) 監査計画に MS の改善が可能な領域を明確化することが明示されている場合には，改善について提言を明確にする，d) フォローアップが必要な場合には，フォローアップの時期について決定する，について検討を行うことが大切である．

### (4)　実践にあたって

最終会議の前に個々人が実施した監査結果について，監査チームメンバー間での意見調整を行い，最終会議の開催に向けた活動を行うことが重要である．

監査チームリーダーは，各人が行った監査結果について報告をさせ，全員でレビューし，監査チームとしての見解をまとめることが必要である．監査結果には，不適合だけでなく改善の機会についても検討することが MS 改善のために有効である．

最終会議では，主に口頭での報告になることが一般的であるので，監査チームリーダーは最終会議で報告する内容についてメモを作成するとよい．

## 6.4.9.2　監査結論の内容

### (1)　目的

監査結論は，監査活動から得られた情報をもとに被監査者の MS の活動状況の要求事項に対する適合性や有効性，改善の機会などについて被監査者に提供するものである．このため，必要な情報を漏れなく記述することが大切である．ここでは，監査結論に取り入れる事項を記述している．

### (2)　規格の引用

JIS Q 19011:2019

**6.4.9.2　監査結論の内容**

監査結論では，次のような課題に対処することが望ましい．

**a)**　マネジメントシステムの監査基準への適合の程度及びマネジメントシステムの堅ろう（牢）さ．これには，意図した成果を満たすことにおけるマネジメントシステムの有効性，リスクの特定，及び被監査者がリスクに対処するためにとった処置の有効性を含む．

**b)**　マネジメントシステムの有効な，実施，維持及び改善

**c)**　監査目的の達成，監査範囲の網羅及び監査基準を満たすこと

**d)**　傾向を特定する目的に役立つ，類似の所見．これらには，異なる領域における監査から得られたもの，又は合同監査若しくは前回までの監査から得られたものがある．

監査計画に規定している場合には，監査結論を，改善のための提言又は今後の監査活動につなげることができる．

### (3)　推奨事項の解説

**①　監査結論では，次のような課題に対処することが望ましい．**

a) は適合性評価と有効性評価の結果について述べる，b) はMSが計画に対して結果が出るような活動を行っているか否か，変更管理が行われているか否か，改善が行われているか否かについて述べる，c) は監査目的が達成できたか否か，計画した監査範囲を監査できたか否か，d) は例えば，EMSの監査で不適合の処置に不備があった場合には，他のMSにも同様な不備があると考えられる事項について述べることが大切である．

### (4)　実践にあたって

監査結論として重要な要素は，被監査者のMSの評価結果について述べる

ことである．この評価結果では，有効である点，不適合内容，改善した方かよい点に区分することが被監査者にとって理解しやすいので，あまり形式化しない方が効果的である．

### 6.4.10　最終会議の実施

#### (1)　目的

最終会議は，被監査者の管理層に監査結果（監査所見及び監査結論）について理解してもらうために行うものである．ここでは，最終会議の目的，参加者，不適合への対処などについて述べている．

#### (2)　規格の引用

JIS Q 19011:2019

**6.4.10　最終会議の実施**

最終会議は，監査所見及び監査結論を提示するために開催することが望ましい．

最終会議は，監査チームリーダーが議長を務め，被監査者の管理層が出席し，さらに，該当する場合，次の者を含むことが望ましい．

— 監査を受けた機能又はプロセスの責任者

— 監査依頼者

— 監査チームのリーダー以外のメンバー

— 監査依頼者及び／又は被監査者が決定する，その他の関連する利害関係者

該当する場合，監査チームリーダーは，監査結論に付与し得る信頼性を低下させるかもしれない，監査中に遭遇した状況について，被監査者に知らせることが望ましい．マネジメントシステムに定められているか，又は監査依頼者との合意がある場合，参加者は，監査所見に対処するための処置の計画の期限について合意することが望ましい．

最終会議の詳細さの程度は，被監査者の目的（又は目標）を達成するた

めにマネジメントシステムの有効性を考慮に入れることが望ましい．これには，被監査者の状況並びにリスク及び機会の考慮を含む．

被監査者の監査プロセスに関する精通度もまた，最終会議において考慮に入れることが望ましい．これは，最終会議を適正なレベルの詳細さで参加者へ提供することを確実にするためである．

監査の位置づけによっては，最終会議が正式なものとなり得る場合がある．その場合には，出席者の記録を含めて議事録を残すことが望ましい．正式なものとしない場合には，例えば内部監査では，最終会議は，より非公式で，単に監査所見及び監査結論を伝えるだけのものになり得る．

該当する場合には，最終会議では，次の事項を被監査者に説明することが望ましい．

**a)**　収集した監査証拠は入手可能な情報のサンプルに基づいたものであり，必ずしも，被監査者のプロセスの全体的有効性を完全に表すものではないことを伝える．

**b)**　報告の方法

**c)**　合意したプロセスに基づいて，監査所見にどのように対処するのが望ましいか

**d)**　監査所見に適切に対処しなかった場合に起こり得る結果

**e)**　監査所見及び監査結論の提示．被監査者の管理層が理解し，認知する方法で行う．

**f)**　関係する監査後のあらゆる活動（例えば，是正処置の実施及びレビュー，監査に関する苦情への対処，異議申立てのプロセス）

監査所見又は監査結論に関して，監査チームと被監査者との間に意見の相違があれば，協議し，可能であれば，それを解決することが望ましい．解決できなかったならば，これを記録に残すことが望ましい．

監査目的で規定している場合は，改善の機会についての提言をしてもよい．提言には，拘束力がないことを強調しておくことが望ましい．

### (3)　推奨事項の解説

**①　該当する場合，監査チームリーダーは，監査結論に付与し得る信頼性を低下させるかもしれない，監査中に遭遇した状況について，被監査者に知らせることが望ましい．**

監査活動において，被監査者から質問に対して回答しないことや要求した情報を加工するなどの状態があった場合には，MS 活動において問題があることを被監査者に伝えておくことが大切である．

**②　参加者は，監査所見に対処するための処置の計画の期限について合意することが望ましい．**

監査所見に対して被監査者は確実に対応を行うことが必要であるので，その処置期限を明確にし，被監査者とこれに合意し，その進捗状況を管理することが大切である．

**③　被監査者の監査プロセスに関する精通度もまた，最終会議において考慮に入れることが望ましい．**

被監査者が監査プロセスについて理解してもらうことで，最終会議の結果を受けて，次の行動をとれるように説明することが大切である．

**④　該当する場合には，最終会議では，次の事項を被監査者に説明することが望ましい．**

最終会議では，被監査者が会議終了後何をする必要があるのかを理解できるようにするために，a) ～ f) に関する事項を適切に説明することが大切である．

**⑤　監査所見又は監査結論に関して，監査チームと被監査者との間に意見の相違があれば，協議し，可能であれば，それを解決することが望ましい．解決できなかったならば，これを記録に残すことが望ましい．**

監査チームの報告内容について，被監査者が納得しない場合には，お互いに協議して解決する努力が必要であるが，解決しない場合には，監査プログラムをマネジメントする人に判断を仰ぐため，最終会議の議事録に記述することが大切である．

**⑥　提言には，拘束力がないことを強調しておくことが望ましい．**

提言は監査チームの意見であり，要求事項との適合を示しているものではない．したがって，この提言をどのように扱うのかは被監査者が決めることであるということを認識することが大切である．

### (4)　実践にあたって

最終会議は，監査チームリーダーが監査所見及び監査結論を被監査者に提示し，被監査者が内容を理解するとともに同意を求める目的で開催する．したがって，最終会議の出席者は，初回会議に出席したメンバーが対象になる．

なお，最終会議を行う場合には表2.7に示すようなチェックリストを用いて確認事項の漏れがないようにすることが効果的である．

**表2.7**　最終会議チェックリストの例

| 確認項目 | 確認結果 |
|---|---|
| 監査目的の確認 | |
| 監査範囲及び監査基準の確認 | |
| 監査所見（良い点，不適合，前回の監査の是正処置の有効性，改善事項） | |
| 監査結論 | |
| 不適合報告書への合意署名 | |
| 不適合の修正及び是正処置の期限 | |
| 最終報告書の提出予定 | |
| 質疑応答 | |

最終会議は監査チームリーダーが作成したメモに従って報告を行う．報告内容に理解が得られない場合には，協議を行い解決することが必要であるが，解決しない場合にはその論点の内容を記録する．論点については，最終的には監査プログラムをマネジメントする人が判断するとよい．

また，改善指摘を採用するかどうかは被監査者が決めることであり，監査員が改善指摘事項を実行すべきであるということは差し控えるべきである. なお, 時間は 30 分以内が適切である.

### 6.5　監査報告書の作成及び配付

#### 6.5.1　監査報告書の作成

**(1)　目的**

監査結果については, 監査にかかわる人々が MS の活動状況を把握し, 改善を行うために必要な情報を迅速でかつ正確に伝達することが大切である. ここでは, 監査報告書に含める事項を記述している.

**(2)　規格の引用**

JIS Q 19011:2019

**6.5　監査報告書の作成及び配付**

**6.5.1　監査報告書の作成**

監査チームリーダーは, 監査プログラムに従って監査結論を報告することが望ましい. 監査報告書は, 完全で, 正確, 簡潔かつ明確な監査の記録を提供することが望ましく, 次に示す事項を含むか, 又はその事項の参照先を示すことが望ましい.

**a)**　監査目的

**b)**　監査範囲, 特に, 監査を受けた組織（被監査者）及びその機能又はプロセスの特定

**c)**　監査依頼者の特定

**d)**　監査チーム及び被監査者の監査参加者の特定

**e)**　監査活動を行った日時及び場所

**f)**　監査基準

**g)**　監査所見及び関連する証拠

**h)**　監査結論

**i)**　監査基準が満たされた程度に関する記述

**j)** 監査チームと被監査者との間で未解決の意見の相違

**k)** 監査とは，本質的にサンプリング作業であるということ．したがって，調査した監査証拠が代表的なものではないというリスクが存在する．

監査報告書には，適宜，次の事項を含めるか，又はその事項の参照先を示すことができる．

— タイムスケジュールを含む監査計画

— 監査プロセスの要約．これには，監査結論の信頼性を低下させるかもしれない，監査中に遭遇した障害を含む．

— 監査計画に従って監査範囲内で監査目的を達成したことの確認

— 監査範囲内で監査しなかった領域．これには，証拠の利用可能性，資源又は機密保持に関するあらゆる課題を，関係する根拠とともに含める．

— 監査結論及びそれを裏付ける主要な監査所見を含む概要

— 特定された優れた実践事例

— 存在する場合は，合意した処置の計画のフォローアップ

— 内容の機密性に関する記述

— 監査プログラム又はその後の監査に対する影響

### (3) 推奨事項の解説

**① 監査報告書は，完全で，正確，簡潔かつ明確な監査の記録を提供することが望ましく，次に示す事項を含むか，又はその事項の参照先を示すことが望ましい．**

監査報告書は，監査の活動結果を示す情報であるので，誰が見ても理解できる内容にすることが大切である．このため，監査報告書にa)～k)について記載することで，監査を行った結果が明確になる．さらに，ビレットで示された情報を含めると詳細な監査結果を示すことができる．

### (4) 実践にあたって

監査報告書は組織が定めた監査手順に従って作成を行うが，一般的には，監査チームリーダーが最終会議終了後，1 週間以内をめどに速やかに作成するとよい．なぜならば，時間が経過してしまうと記憶が薄れてしまい，正確な報告ができなくなる恐れがあるからである．監査報告書には，単に不適合内容だけを記述するのではなく，表 2.8 及び表 2.9 に示すようにプロセスの能力に関する情報をインプットすることが効果的である．

**表 2.8** 監査報告書（定期）の例

1．監査目的
××マニュアルに基づいて，△△ MS が効果的で効率的に運営管理されているかを評価する．
2．監査範囲
×× MS を運営管理している部門，20 ××年○○月～ 20 ××年△△月の活動状況
3．監査基準
ISO ○○○，××マニュアル
4．監査部門および場所
別紙 1「監査スケジュール」のとおり
5．監査実施日
20 ○○年△△月××日～ 20 ○○年△△月●●日
6．監査チーム
監査チームリーダー：福丸，監査メンバー：山本，近藤，鈴木
7．監査所見
今回の監査では，軽微な不適合を○件検出しました（別紙 2 参照）．
軽微な不適合○件，改善指摘△件
各部署では，方針管理と日常管理を実施していることを確認しました．しかし，MS のパフォーマンス向上を継続して行うためには，各部門の改善活動に必要な教育訓練を強化することに改善の機会があります．
8．監査結論
検出された軽微な不適合の修正及び是正処置が完了すれば，MS は要求事項

に適合すると評価します．なお，監査対象のプロセスごとの評価結果を別紙2に示します．

9．不適合に対するフォローアップ処置の計画

・不適合の修正及び是正処置の報告期限は，監査最終日より2週間以内とします．

・今回検出された不適合は軽微な不適合のみであり，報告と確認は文書で行います．

現地でのフォローアップ監査は次回の監査で行います．

10．不適合報告書兼是正処置報告書

別紙2のとおり

11．初回会議及び最終会議出席者リスト

別紙3のとおり

**表 2.9** 別紙2 監査所見（一部）

| 監査対象プロセス | 強み | 弱み | 不適合 | 改善指摘 | 推奨事例 |
|---|---|---|---|---|---|
| 設計・開発 | 顧客要求事項への対応が迅速である | 設計品質目標の達成率が 80 % である | 製品Aの設計検証時期が計画より1週間遅れているが処置がとられていない | | |
| 調達 | 第二者監査プロセスのPDCAが回っている | 部品の供給者が1社のみの部品が3品目ある | | サプライチェーンのレビューを定期的に行うとよい | |
| 製造 | 製造技術の強み・弱み分析が行われている | 製品Aの工程能力が1.0である． | 在庫品の部品Cに錆が付いている | 是正処置の原因追究になぜなぜ分析を行う様式を作成するとよい | ポカヨケの効果を把握している |

### 6.5.2　監査報告書の配付

#### (1)　目的

監査報告書は，監査チームリーダーが監査の管理部門に提出した後，監査に関係している部門に情報提供するため，決められた期間内に発行することが大切である．ここでは，監査報告日の順守，監査報告書のレビュー及び配付について述べている．

#### (2)　規格の引用

JIS Q 19011:2019

**6.5.2　監査報告書の配付**

監査報告書は，合意した期間内に発行することが望ましい．遅延する場合には，その理由を被監査者及び監査プログラムをマネジメントする人に連絡することが望ましい．

監査報告書は，監査プログラムに従って，適切に，日付を付し，レビュー及び受諾することが望ましい．

監査報告書は，次に，監査プログラム又は監査計画で定めた関連する利害関係者へ配付することが望ましい．

監査報告書を配付する際は，機密保持を確実にするための適切な方策を考慮することが望ましい．

#### (3)　推奨事項の解説

**①　監査報告書は，合意した期間内に発行することが望ましい．**

監査報告書は，発行時期が遅れると MS の改善計画策定に影響を与えるので，当初計画したとおりに発行することが大切である．

**②　監査報告書は，次に，監査プログラム又は監査計画で定めた関連する利害関係者へ配付することが望ましい．**

監査報告書は，関係者に配付することで MS の活動状況を理解できるので，利害関係者に配付することが大切である.

③　**監査報告書を配付する際は，機密保持を確実にするための適切な方策を考慮することが望ましい.**

監査結果には機密に関する情報も含まれることがあるので，配付先を特定することが大切である.

### (4)　実践にあたって

監査チームリーダーが作成した監査報告書は，監査に関する手順に従って責任者が承認し，関連する人々に配付し，各部門の責任者が活用する．ただし，監査報告書に問題がある場合には，その旨を監査チームリーダーに連絡し，速やかに修正を行わせ，再レビューし，承認し，速やかに関係者に配付する.

## 6.6　監査の完了

### (1)　目的

監査計画を遂行し終わった時点が監査完了になるので，監査担当部門は，監査結果に関する文書化した情報の取扱いを明確にすることが大切である．ここでは，監査完了の時期及び監査結果に関する文書化した情報の取扱いについて述べている.

### (2)　規格の引用

JIS Q 19011:2019

**6.6　監査の完了**

監査が完了するのは，全ての計画した監査活動を遂行したとき，又はそれ以外では監査依頼者と合意したときである（例えば，監査が，監査計画のとおりに完了することを妨げる予期しない事態があるであろう.).

監査に関係する文書化した情報は，監査に参加した関係者間の合意によって，並びに監査プログラム及び適用される要求事項に従って，保持又は廃棄することが望ましい.

法律で要求されない限り，監査チーム及び監査プログラムをマネジメントする人は，監査依頼者の明確な承認なしに，及び被監査者の承認が必要な場合にそれなしに，監査中に入手したいかなる情報又は監査報告書も，他の者に開示しないことが望ましい．監査文書の内容の開示を要求された場合は，できるだけ速やかに監査依頼者及び被監査者に知らせることが望ましい.

監査から得た知見から，監査プログラム及び被監査者に関するリスク及び機会を特定し得る.

### (3)　推奨事項の解説

**①　監査に関係する文書化した情報は，監査に参加した関係者間の合意によって，並びに監査プログラム及び適用される要求事項に従って，保持又は廃棄することが望ましい.**

監査計画書，監査チェックリスト，監査報告書などは監査証拠になるので，決められた手順に従って，保管又は廃棄することが大切である.

**②　監査から得た知見から，監査プログラム及び被監査者に関するリスク及び機会を特定し得る.**

監査活動で得られた知見から，監査プログラムや被監査者に関係するリスク及び機会を特定することで，監査業務の改善につながる.

### (4)　実践にあたって

監査完了の時期は，監査報告書を関係者に配付した時点であるので，次回の監査までフォローアップを行わない場合には，監査チームは解散し，役割を終えたことになる．監査に関する記録は，監査手順に従って保管，廃棄，又は開示に関する処置を行う必要がある.

監査チームリーダーは，監査活動についてのレビューを行うことで今後の監査活動に反映することができる．レビューの視点は，監査計画どおりできたか，監査員研修者への指導はうまくいったか，監査プログラムや被監査者に関係するリスク及び機会を特定できたかなどである．このレビューの結果から監査活動に関する改善点が抽出され，監査プログラムのPDCAサイクルが回ることになる．

## 6.7　監査のフォローアップの実施

### (1)　目的

被監査者は，監査で指摘を受けた事項について適切な処置を行い，その結果が有効であるか否かを監査チームなどが検証することが大切である．ここでは，監査のフォローアップの必要性，その有効性に関する検証について述べている．

### (2)　規格の引用

JIS Q 19011:2019

**6.7　監査のフォローアップの実施**

監査の成果には，監査目的によって，修正若しくは是正処置の必要性，又は改善の機会を示すことができる．このような処置は，通常，合意した期間内に被監査者が決めて行う．適切な場合には，被監査者は，これらの処置の状況を，監査プログラムをマネジメントする人及び／又は監査チームに知らせておくことが望ましい．

これらの処置の完了及び有効性は，検証することが望ましい．この検証は，その後の監査の一部としてよい．成果は，監査プログラムをマネジメントする人に報告し，マネジメントレビューのために監査依頼者へ報告することが望ましい．

**(3)　推奨事項の解説**

**①　これらの処置の完了及び有効性は，検証することが望ましい．**

被監査者が指摘事項について改善を行った場合には，指摘事項の意図したとおりに改善が行われ，プロセスが効果的で効率的になっているかを確認するため，その内容の有効性について検証することが大切である．

**(4)　実践にあたって**

監査で指摘された事項について，被監査者は処置の状況について監査プログラムをマネジメントする人や監査チームに報告する．また，その処置の内容確認のための監査は，重要なものであれば時期を決めて実施するが，その他のものについては次期の監査計画で確認することが効率的である．

フォローアップするための力量には，是正処置のチェック方法を習得する必要がある．是正処置のチェックポイントは，次のとおりである．

・事象が明確になっているか
・不適合の原因に事象が含まれていないか
・原因に致るメカニズムを分析し，原因を明確にしているか
・不適合の原因と他のプロセスとの影響を評価しているか
・その原因が他の製品・サービスやプロセスに問題を発生させていないか，又はその可能性はないか
・是正処置に時間がかかっていないか
・是正処置活動のフォローを行っているか

## 2.7　箇条 7“監査員の力量及び評価”の解説

### 7　監査員の力量及び評価

#### 7.1　一般

**(1)　目的**

監査活動はMSの活動状況を評価する機能があるので，プロセスやMSに関する知識及び技能を保有していることが大切である．このためには，監査員の力量を明確にし，それを満たすための教育訓練を行い，その有効性を定期的に評価することが大切である．ここでは，監査員の知識及び技能に関する考え方と監査員の評価プロセスについて述べている．

### (2)　規格の引用

JIS Q 19011:2019

#### 7　監査員の力量及び評価

#### 7.1　一般

監査プロセス及びその目的を達成するための能力における信頼は，監査を行うことに関与する人々の力量に依存する．これらの人々には，監査員及び監査チームリーダーを含む．力量は，定期的に評価することが望ましい．この評価は，個人の行動，並びに教育，業務経験，監査員訓練及び監査経験によって身に付けた，知識及び技能を適用する能力を考慮するプロセスを通じて行う．このプロセスは，監査プログラム及びその目的のニーズを考慮に入れることが望ましい．**7.2.3**に示す知識及び技能には，あらゆるマネジメントシステム分野の監査員に共通のものもあれば，個々のマネジメントシステム分野の監査員に固有のものもある．監査チームにおける個々の監査員が同じ力量を備えている必要はない．ただし，監査チーム全体としての力量は，監査目的を達成するために十分である必要がある．

監査員の力量の評価は，計画し，実施し，文書化することが望ましい．これは，客観的で，一貫性をもち，公正で，かつ，信頼できる成果を提供するためである．この評価プロセスには，次の四つの主要なステップを含めることが望ましい．

**a)**　監査プログラムのニーズを満たすために必要な力量を決定する．

**b)**　評価基準を確立する．

c）　適切な評価方法を選択する．

d）　評価を行う．

評価プロセスの成果は，次の事項の基礎を提供することが望ましい．

—　（**5.5.4** で示した）監査チームメンバーの選定

—　力量向上の必要性の決定（例えば，追加的な研修）

—　監査員の継続的なパフォーマンス評価

監査員は，専門能力の継続的開発及び監査への定期的な参加によって，自らの力量を開発し，維持し，向上することが望ましい（**7.6** 参照）．

監査員及び監査チームリーダーを評価するプロセスを **7.3**，**7.4** 及び **7.5** に示す．

監査員及び監査チームリーダーは，**7.1** で確立した基準だけでなく，**7.2.2** 及び **7.2.3** で設定した基準に対しても評価されることが望ましい．

監査プログラムをマネジメントする人に求められる力量を，**5.4.2** に示す．

### （3）　推奨事項の解説

**①　力量は，定期的に評価することが望ましい．**

監査員の力量は監査のためだけではなく，事業活動にも通じるところがあり，力量は教育研修を受けたり経験を積むことで変化する可能性があるので，定期的な評価が大切である．

**②　この評価プロセスには，次の四つの主要なステップを含めることが望ましい．**

監査員を評価するためには，監査プログラムの目的を達成できる力量が必要であり，その評価の基準を明確にし，評価方法を確立して評価を行うプロセスが効果的である．

#### (4) 実践にあたって

監査員の力量は，監査プログラムを達成できる力量を保有していることである．したがって，監査チームリーダーと監査メンバーに区分して考え，それぞれに必要な知識と技能，並びにそれらの評価基準を明確にする必要がある．次に，現在どのような力量を持っているのかをその評価基準に基づいて評価を行う．また，力量向上のための場を提供することで，監査員の認識を向上させることにつながる（7.2 ～ 7.6 参照）．

## 7.2　監査員の力量の決定

### 7.2.1　一般

#### (1) 目的

監査員は監査を効果的で効率よく行うために，MSに関する知識や監査技術を持っていることが大切である．このためには，どのような知識や技術が必要かを明確にすることが大切である．ここでは，監査員として持つべき知識と技能を記述している．

#### (2) 規格の引用

JIS Q 19011:2019

**7.2　監査員の力量の決定**

**7.2.1　一般**

監査に求められる必要な力量を決めるときは，次の事項に関係する，監査員の知識及び技能を考慮することが望ましい．

**a)** 被監査者の規模，性質，複雑さ，製品，サービス及びプロセス

**b)** 監査の方法

**c)** 監査の対象となるマネジメントシステムの分野

**d)** 監査の対象となるマネジメントシステムの複雑さ及びプロセス

**e)** マネジメントシステムで対処するリスク及び機会の，タイプ及びレベル

**f)** 監査プログラムの目的及び監査プログラムの及ぶ領域

**g)**　監査目的の達成における不確かさ

**h)**　該当する場合，その他の要求事項．例えば，監査依頼者又はその他の関連する利害関係者によって課されるもの．

この情報は，**7.2.3** に掲げる事項に対して合っていることが望ましい．

**(3)　推奨事項の解説**

**①　監査に求められる必要な力量を決めるときは，次の事項に関係する，監査員の知識及び技能を考慮することが望ましい．**

監査員は被監査者の MS の活動状況を評価する必要があるので，監査基準やその活動の状態を適切に判断できる知識と技能を活用することが大切である．なお，判断にあっては，a) ～ h) を考慮することが重要である．

**(4)　実践にあたって**

監査員の知識及び技能の決定の際には，監査の対象は何かを明確にし，それを監査するために最低限必要な知識及び技能はどのようなものかを関係者で検討し，決定するとよい．監査では，管理技術だけでなく固有技術も必要になるので，これらを考慮する必要がある（7.2.1 ～ 7.2.5 参照）．

**7.2.2　個人の行動**

**(1)　目的**

監査を監査プログラムに従って適切に行うためには，監査員が監査の原則に基づいて活動を行うことが基本である．このためには，監査員が監査活動で誰からも影響を受けず，監査活動を着実に行うための行動をとることが大切である．ここでは，望ましい専門家としての行動について述べている．

### (2) 規格の引用

JIS Q 19011:2019

**7.2.2 個人の行動**

監査員は，箇条**4**に示す監査の原則に従って活動するために必要な特質を備えていることが望ましい．監査員は，監査活動を実施している間，専門家としての行動を示すことが望ましい．望ましい専門家としての行動には，次の事項を含む．

**a)** 倫理的である．すなわち，公正である，信用できる，誠実である，正直である，そして分別がある．

**b)** 心が広い．すなわち，別の考え方又は視点を進んで考慮する．

**c)** 外交的である．すなわち，目的を達成するように人と上手に接する．

**d)** 観察力がある．すなわち，物理的な周囲の状況及び活動を積極的に観察する．

**e)** 知覚が鋭い．すなわち，状況を認知し，理解できる．

**f)** 適応性がある．すなわち，異なる状況に容易に合わせることができる．

**g)** 粘り強い．すなわち，根気があり，目的の達成に集中する．

**h)** 決断力がある．すなわち，論理的な理由付け及び分析に基づいて，時宜を得た結論に到達することができる．

**i)** 自立的である．すなわち，他の人々と有効なやりとりをしながらも独立して活動し，役割を果たすことができる．

**j)** 不屈の精神をもって活動できる．すなわち，その活動が，ときには受け入れられず，意見の相違又は対立をもたらすことがあっても，責任をもち，倫理的に活動することができる．

**k)** 改善に対して前向きである．すなわち，進んで状況から学ぶ．

**l)** 文化に対して敏感である．すなわち，被監査者の文化を観察し，尊重する．

**m)** 協力的である．すなわち，監査チームメンバー及び被監査者の要員を含む他の人々とともに有効に活動する．

**(3)　推奨事項の解説**

**①　監査員は，箇条 4 に示す監査の原則に従って活動するために必要な特質を備えていることが望ましい.**

監査は監査活動において監査員として信頼がなければ成り立たないので，監査の原則を順守することが大切である．このためには，監査員として a)～m) に関する行動を行うことが大切である.

**(4)　実践にあたって**

監査員は，監査活動を実施している間，専門家として a) ～ m) の行動を行うことで信頼がおける．どの程度のレベルにあるかを評価する方法として 3 段階（1 ：不十分である，2 ：やや不十分である，3 ：特に問題はない）で評価するとよい.

監査員として好ましくない行動には，次のような例がある．監査員は，このような行動をしないように心がける必要がある.

・自分の考えに固執する
・上から目線で話す
・被監査者の説明を十分聞かないで，よくしゃべる
・深堀をしない

**7.2.3　知識及び技能**

**7.2.3.1　一般**

**(1)　目的**

監査員は監査結果の信頼性を得るために必要な知識及び技能を持つことが大切である．ここでは，知識及び技能に関する基本的な考え方を述べている.

### (2)　規格の引用

JIS Q 19011:2019

**7.2.3　知識及び技能**

**7.2.3.1　一般**

監査員は，次の事項を備えていることが望ましい．

**a)**　実施が予定されている監査の，意図した結果を達成するのに必要な知識及び技能

**b)**　監査に共通に求められる力量，並びに分野及び業種に固有の知識及び技能のレベル

監査チームリーダーは，監査チームに対してリーダーシップを発揮するのに必要な付加的な知識及び技能を備えていることが望ましい．

### (3)　推奨事項の解説

**①　監査員は，次の事項を備えていることが望ましい．**

監査員は，監査活動を行うために必要な知識と技能を持つことで監査目的を達成できる．このためには，a) 及び b) に示したように監査に共通的な力量と分野及び業種に特化した知識と技能のレベルを持つことが大切である．

**②　監査チームリーダーは，監査チームに対してリーダーシップを発揮するのに必要な付加的な知識及び技能を備えていることが望ましい．**

監査チームリーダーは，監査チームを統括する役割を持っているので，監査員の知識及び技能に加えたものを保有することが大切である．

### (4)　実践にあたって

7.2.3.2 ～ 7.2.3.4 を参照

## 7.2.3.2　マネジメントシステム監査員の共通的な知識及び技能

### (1)　目的

監査を遂行するためには，監査員として共通的な知識及び技能を持つことが

大切である．ここでは，監査の原則，プロセス及び方法，MS 規格及びその他の基準文書，組織及び組織の状況，適用される法令・規制要求事項及びその他の要求事項に関する知識及び技能について述べている．

### (2)　規格の引用

JIS Q 19011:2019

**7.2.3.2　マネジメントシステム監査員の共通的な知識及び技能**

監査員は，次に概要を示す領域の知識及び技能を備えていることが望ましい．

**a)** 監査の原則，プロセス及び方法：この領域の知識及び技能によって，監査員は，一貫性のある体系的な監査の実施を確実にすることが可能となる．

監査員は，次の事項ができることが望ましい．

— 監査実施に付随するリスク及び機会のタイプ並びに監査実施へのリスクに基づくアプローチの原則を理解する．

— 有効に作業を計画し，必要な手配をする．

— 合意したタイムスケジュール内で監査を行う．

— 重要事項を優先し，重点的に取り組む．

— 口頭及び書面で有効にコミュニケーションを取る（自身で，又は通訳の利用を通じて）．

— 有効なインタビュー，聞き取り，観察，並びに記録及びデータを含む文書化した情報のレビューによって，情報を収集する．

— 監査のためにサンプリング技法を使用することの適切性及びそれによる結果を理解する．

— 技術専門家の意見を理解し，考慮する．

— 該当する場合，他のプロセス及び異なる機能との相互関係を含めて，プロセスを最初から最後まで監査する．

— 収集した情報の関連性及び正確さを検証する．

— 監査所見及び監査結論の根拠とするために，監査証拠が十分かつ適切であることを確認する．
— 監査所見及び監査結論の信頼性に影響するかもしれない要因を評価する．
— 監査活動及び監査所見を文書化し，報告書を作成する．
— 情報の機密保持及びセキュリティを維持する．

**b)** マネジメントシステム規格及びその他の基準文書：この領域の知識及び技能によって，監査員は，監査範囲を理解し，監査基準を適用することが可能となる．この領域の知識及び技能には，次の事項を含めることが望ましい．

— 監査基準又は監査方法の確立に用いるマネジメントシステム規格又は他の規準文書若しくは手引・支援文書
— 被監査者及び他の組織によるマネジメントシステム規格の適用
— マネジメントシステムのプロセス間の関係及び相互作用
— 複数の規格又は基準文書の重要性及び優先順位の理解
— 様々な監査の位置づけへの規格又は基準文書の適用

**c)** 組織及び組織の状況：この領域の知識及び技能によって，監査員は，被監査者の組織構造，目的及びそのマネジメントの実践を理解することが可能となる．この領域の知識及び技能には，次の事項を含めることが望ましい．

— マネジメントシステムに影響を及ぼす，関連する利害関係者のニーズ及び期待
— 組織のタイプ，統治，規模，構造，機能及び関係
— 全般的な事業及びそのマネジメントの概念，プロセス及び関係する用語．これには，計画，予算化及び人事管理を含む．
— 被監査者の文化的及び社会的側面

**d)** 適用される法令・規制要求事項及びその他の要求事項：この領域の知識及び技能によって，監査員は，組織の要求事項を認識すること，及

びその枠内で監査業務を行うことが可能となる．法令，又は被監査者の活動，プロセス，製品，及びサービスに固有の知識及び技能には，次の事項を含めることが望ましい．

— 法令・規制要求事項及びその所管の行政機関
— 基本的な法的用語
— 契約及び法的責任

**注記** 法令・規制要求事項を認識しているということは，法律の専門家ということを意味しておらず，マネジメントシステム監査を法令順守の監査として扱うことは望ましくない．

### (3)　推奨事項の解説

**①　監査員は，次の事項ができることが望ましい．**

監査員としての役割を果たすためには，これらの知識の習得や行動を行うことが大切である．

**②　この領域の知識及び技能には，次の事項を含めることが望ましい．**

MS 規格及びその他の基準文書に関する知識を持つことで適合性の判断をすることができる．また，組織及び組織の状況を理解することで MS の有効性を判断できる．

**③　法令，又は被監査者の活動，プロセス，製品，及びサービスに固有の知識及び技能には，次の事項を含めることが望ましい．**

組織は法令や契約などによって MS の活動が規制されているので，これらの知識を理解することで適合性の判断を適切に行うことができる．

### (4)　実践にあたって

a) ～ d) に関する評価項目を次に示す．なお，評価基準は 5 段階（1：かなり低い，2：やや低い，3：普通，4：やや高い，5：非常に高い）で考えるとよい．

**a)　監査の原則，プロセス及び方法**

・監査実施に付随するリスク及び機会のタイプの理解力
・監査実施へのリスクに基づくアプローチの原則の理解力
・有効な作業の計画策定力と手配力
・監査時間の順守力
・監査項目の重点指向力
・コミュニケーション力
・情報収集力（インタビュー，聞き取り，観察，並びに記録及びデータを含む文書化した情報のレビュー）
・サンプリング力と欠陥理解力
・技術専門家の意見の理解力と考察力
・プロセスアプローチの監査力
・収集した情報の関連性及び正確さの検証力
・監査証拠の確認力（十分さと適切さ）
・監査所見及び監査結論の信頼性に影響する可能性のある要因の評価力
・監査活動及び監査所見の文書化力と報告書の作成力
・情報の機密保持及びセキュリティの維持力

**b）　マネジメントシステム規格及びその他の基準文書**

・監査基準又は監査方法の確立に用いるMS規格又は他の規準文書若しくは手引・支援文書の理解力
・被監査者及び他の組織によるMS規格の適用の理解力
・MSのプロセス間の関係及び相互作用の理解力
・複数の規格又は基準文書の重要性及び優先順位の理解力
・様々な監査の位置付けへの規格又は基準文書の適用の理解力

**c）　組織及び組織の状況**

・MSに影響を及ぼす，関連する利害関係者のニーズ及び期待の理解力
・組織のタイプ，統治，規模，構造，機能及び関係の理解力
・全般的な事業及びそのマネジメントの概念，プロセス及び関係する用語の理解力

・被監査者の文化的及び社会的側面の理解力

**d）　適用される法令・規制要求事項及びその他の要求事項**

・法令・規制要求事項及びその所管の行政機関の理解力

・基本的な法的用語の理解力

・契約及び法的責任の理解力

### 7.2.3.3　分野及び業種に固有の監査員の力量

**(1)　目的**

MS の活動は，業種業態で相違しているため，監査員は監査対象に関する専門性，いわゆる固有技術も重要視されるのでこれらに関する知識と技能を保有することが大切である．ここでは，監査チームとして持つべき専門性に関する力量について述べている．

**(2)　規格の引用**

JIS Q 19011:2019

**7.2.3.3　分野及び業種に固有の監査員の力量**

監査チームは，特定のタイプのマネジメントシステム及び業種を監査するのに適切な，その分野及び業種に固有の力量を監査チーム全体として備えていることが望ましい．

分野及び業種に固有の監査員の力量には，次の事項を含む．

**a）** マネジメントシステム要求事項及び原則，並びにそれらの適用

**b）** 被監査者が適用するマネジメントシステム規格に関係した，分野及び業種の基本

**c）** 分野及び業種に固有の方法，技法，プロセス，及び慣行の適用．これは，監査チームが定められた監査範囲内での適合性を評価し，適切な監査所見及び監査結論を導き出すことができるようにするためである．

**d）** 分野及び業種に関連した原則，方法及び技法．これは，監査員が監査目的に付随するリスク及び機会を決定及び評価できるようにする．

**(3)　推奨事項の解説**

**① 監査チームは，その分野及び業種に固有の力量を監査チーム全体として備えていることが望ましい．**

監査活動はチームで活動するため，個々の監査員が同じ専門性に関する力量を保有する必要はなく，監査チームとしての力量を持つことが大切である．

分野に固有の知識及び技能とは，MSの運営管理に必要な専門性に関するものである．例えば，QMSでは品質保証活動の要素及び固有技術，EMSでは環境側面に関する要素及び固有技術，ISMSでは管理策に関する要素及び固有技術，OHSMSでは安全衛生に関する要素及び固有技術などが該当する．

**(4)　実践にあたって**

a)～d)に関する評価項目を次に示す．なお，評価基準は5段階（1：かなり低い，2：やや低い，3：普通，4：やや高い，5：非常に高い）で考えるとよい．

**a)**　MS要求事項及び原則，並びにそれらの適用力

**b)**　被監査者が適用するMS規格に関係した，分野及び業種の基本に関する理解力

**c)**　分野及び業種に固有の方法，技法，プロセス，及び慣行の適用の理解力

**d)**　分野及び業種に関連した原則，方法及び技法の理解力

### 7.2.3.4　監査チームリーダーの共通的な力量

**(1)　目的**

監査チームリーダーは，監査メンバーを統括して監査活動を行う必要があるので，監査活動を効果的で効率的にするための知識及び技能を保有することが大切である．ここでは，監査チームリーダーが保有すべき力量について述べている．

### (2)　規格の引用

JIS Q 19011:2019

**7.2.3.4　監査チームリーダーの共通的な力量**

監査の効率的及び有効な実施を容易にするために，監査チームリーダーは，次の事項を行う力量を備えていることが望ましい．

**a)**　監査を計画し，個々の監査チームメンバーの固有の力量に応じて監査業務を割り当てる．

**b)**　被監査者のトップマネジメントと戦略的課題について意見交換する．これは，被監査者が組織として，そのリスク及び機会を評価する際にこれらの課題を考慮したかどうかを決定するためである．

**c)**　監査チームメンバー間に協力的な業務関係を構築し，維持する．

**d)**　次の事項を含む監査プロセスをマネジメントする．

— 監査中に資源を有効に利用する．

— 監査目的を達成することの不確かさをマネジメントする．

— 監査中の監査チームメンバーの安全衛生を保護する．これには，監査員が関連する安全衛生及びセキュリティに関する取決めの順守を確実にすることを含む．

— 監査チームメンバーを指揮する．

— 訓練中の監査員を指揮及び指導する．

— 必要な場合，監査チーム内のものを含めて，監査中に発生し得る利害抵触及び問題を防ぎ，解決する．

**e)**　監査プログラムをマネジメントする人，監査依頼者及び被監査者とのコミュニケーションでは監査チームを代表する．

**f)**　監査チームを導いて，監査結論に達する．

**g)**　監査報告書を作成し，完成する．

### (3)　推奨事項の解説

**①　監査チームリーダーは，次の事項を行う力量を備えていることが望ましい．**

監査チームリーダーは監査計画に従って効果的で効率よく監査活動を運営管理することが大切であり，このためにはa)～g)に関する力量を持つことが大切である．

### (4)　実践にあたって

監査チームリーダーは，次の事項を行う力量を備えているとよい．

a)～d)に関する評価項目を次に示す．なお，評価基準は3段階（1：対応できない，2：対応できない場合がある，3：問題なく対応できる）で考えるとよい．

・監査計画の作成及び監査チームメンバーへの業務の割当て
・被監査者のトップマネジメントとの面談
・監査チームメンバーとの協力的な業務関係の構築
・監査プロセスのマネジメント
・監査チームとしての代表活動
・監査チームの統率及び監査結論の導き出し
・監査報告書の作成

## 7.2.3.5　複数分野を監査するための知識及び技能

### (1)　目的

監査は単独のMSの監査だけでなく，複合監査や統合MSの監査を行う場合があるので，これらに取り組む際には，対象となるMSに関する知識と技能を保有することが大切である．ここでは，複合監査や統合MS監査の場合に必要な力量について述べている．

### (2)　規格の引用

JIS Q 19011:2019

**7.2.3.5　複数分野を監査するための知識及び技能**

複数分野のマネジメントシステムを監査する際は，監査チームメンバーは異なるマネジメントシステム間の相互作用及び相乗効果を理解していることが望ましい．

監査チームリーダーは，監査対象となっている各マネジメントシステム規格の要求事項を理解し，それぞれの分野における自身の力量の限界を認識することが望ましい．

**注記**　複数分野を同時に監査することは，複合監査として又は複数分野を含む統合マネジメントシステムの監査として行うことが可能である．

### (3)　推奨事項の解説

**①　監査チームメンバーは異なるマネジメントシステム間の相互作用及び相乗効果を理解していることが望ましい．**

複合監査や統合 MS 監査を行う場合は，監査チームメンバーは，自身が担当する MS に関することだけでなく，その他の MS にどのような影響を与えるのか，またどのような影響を受けるのかについての相互関係を理解していることが大切である．

**②　監査チームリーダーは，監査対象となっている各マネジメントシステム規格の要求事項を理解し，それぞれの分野における自身の力量の限界を認識することが望ましい．**

監査チームリーダーは統括責任者であるため，監査対象の MS 規格の要求事項を理解するとともに，各 MS に関する専門性についてどこまで理解しているかを認識し，専門性の知識が不足している場合には，その専門性を持っているメンバーに確認することが大切である．

### (4)　実践にあたって

複合分野の監査では，監査員と監査チームリーダーの力量には個別の評価項目が必要である．なお，評価基準は5段階（1：かなり低い，2：やや低い，3：普通，4：やや高い，5：非常に高い）で考えるとよい．

**a)　監査員**

・異なるMS間の相互作用及び相乗効果の理解力

**b)　監査チームリーダー**

・監査対象の各MS規格の要求事項の理解力

・それぞれの分野における自身の力量の限界の認識力

## 7.2.4　監査員の力量の獲得

### (1)　目的

監査員の力量は，教育・訓練だけでなく業務経験や監査経験でも得られるのでこれらを組み合わせて実施することが大切である．ここでは，力量獲得のための方法について述べている．

### (2)　規格の引用

JIS Q 19011:2019

**7.2.4　監査員の力量の獲得**

監査員の力量は，次の組合せによって獲得し得る．

**a)**　共通的な監査員の知識及び技能を対象とする訓練プログラムの成功裏の完了

**b)**　関連する技術的，管理的又は専門的職位での経験．これは，判断の行使，意思決定，問題解決，並びに管理者，専門家，同僚，顧客及びその他の関連する利害関係者とのコミュニケーションに関与するものである．

**c)**　全体としての力量の開発に寄与する，特定のマネジメントシステムの分野及び業種についての教育・訓練及び経験

**d)**　同じ分野で力量のある監査員の監督下で獲得する監査経験

**注記**　訓練コースの成功裏の完了かどうかは，そのコースのタイプに依存するであろう．試験を含むコースでは試験に合格することを意味し得る．他のコースではコースに参加し，完了することを意味し得る．

**(3)　推奨事項の解説**

**①　監査員の力量は，次の組合せによって獲得し得る．**

監査員の力量獲得の方法には a) ～ d) があり，これらを組み合わせて獲得することが効果的である．a) は 7.2.3.2 に関する訓練，b) は業務経験によるもの，c) はある特定の MS に関する教育・訓練，d) は監査活動の実務経験で得ることを示している．

**(4)　実践にあたって**

監査員の教育訓練内容には，MS 規格の理解のための教育訓練，MS の運営管理に関する教育訓練，MS の実務経験，固有技術や管理技術に関する教育訓練，監査技術の教育訓練，監査技術のレベルアップに関する教育訓練，監査の実務経験などがある．

### 7.2.5　監査チームリーダーの力量の獲得

**(1)　目的**

監査チームリーダーは，監査チームリーダーの共通的な力量（7.2.3.4）を持つためには，監査経験を積むことが大切である．ここでは，監査経験について述べている．

### (2)　規格の引用

JIS Q 19011:2019

**7.2.5　監査チームリーダーの力量の獲得**

監査チームリーダーは，**7.2.3.4**に示す力量を開発するための追加の監査経験を獲得していることが望ましい．この追加の経験は，他の監査チームリーダーの指揮及び指導の下での監査業務によって得られたものであることが望ましい．

### (3)　推奨事項の解説

**①　この追加の経験は，他の監査チームリーダーの指揮及び指導の下での監査業務によって得られたものであることが望ましい．**

チームリーダーとしての経験を積むことで監査チームリーダーとしての力量を身につけることができるので，監査チームリーダーの指揮のもとで監査を行うことがより実践的である．

### (4)　実践にあたって

監査チームリーダーの力量の教育・訓練方法の一つとして，監査メンバーが作成した不適合報告書を評価する研修方法がある．この方法は不適合報告書のどこに問題があるのかを発見させる演習を行うと効果が上がる．また，監査員が被監査者に対して質問している状況をビデオで撮影し，どこに問題があるのかを抽出させる演習も実践演習として効果がある．

## 7.3　監査員の評価基準の確立

### (1)　目的

監査員を評価するためには，評価基準に基づいた評価プロセスを構築することが大切である．ここでは定性的な基準と定量的な基準について述べている．

### (2)　規格の引用

JIS Q 19011:2019

**7.3　監査員の評価基準の確立**

この基準には，定性的（例えば，訓練又は職場で示された，望ましい行動，知識又は技能のパフォーマンス）及び定量的（例えば，業務経験及び教育の年数，監査を行った回数，監査員研修の時間）なものがあることが望ましい．

### (3)　推奨事項の解説

**①　この基準には，定性的及び定量的なものがあることが望ましい．**

評価基準には，監査の経験回数などの定量的なものだけでなく，監査員の行動に関する定性的なものについても決めて，総合的に判断することが大切である．

### (4)　実践にあたって

監査員の評価基準の例は，定性的なものとしては，7.2.3.2 ～ 7.2.3.5 の “(4) 実践にあたって” を参照するとよい．これに加えて定量的な評価基準を考えることが効果的である．

監査員には表 2.10 に示すように管理技術に関する力量が必要である．

**表 2.10** 監査員の管理技術に関する力量評価項目の例

| 評価項目 | 内部監査 | | | | 第二者監査 |
|---|---|---|---|---|---|
| | QMS | EMS | ISMS | OHSMS | |
| 監査対象の業務知識 | ○ | ○ | ○ | ○ | ○ |
| 品質管理の原則の理解 | ○ | | | | ○ |
| リスク管理 | ○ | ○ | ○ | ○ | ○ |
| プロセスの設計法の知識 | ○ | ○ | ○ | ○ | ○ |
| 管理・改善のための管理技術の理解 | ○ | ○ | ○ | ○ | ○ |
| 組織で使用している統計的方法の知識 | ○ | ○ | ○ | ○ | ○ |
| 標準化に関する知識 | ○ | ○ | ○ | ○ | ○ |
| 環境管理 | | ○ | | | ○ |
| 情報セキュリティ管理 | | | ○ | | ○ |
| 労働安全 | | | | ○ | ○ |
| MS 用語の知識 | ○ | ○ | ○ | ○ | ○ |
| MS 要求事項の知識 | ○ | ○ | ○ | ○ | ○ |
| 監査技術 | ○ | ○ | ○ | ○ | ○ |

なお，監査技術には，観察技術，サンプリング技術，質問技術，チェックシート作成技術，評価技術，記録技術，是正処置評価技術，プロセスアプローチ技術，有効性評価技術がある．

また，固有技術の例には表 2.11 に示すようなものがある．

**表 2.11**　監査員の固有技術に関する力量評価項目の例

| 評価項目 | 内部監査 | | | | 第二者監査 |
|---|---|---|---|---|---|
| | QMS | EMS | ISMS | OHSMS | |
| 配線技術 | ○ | | | ○ | ○ |
| ハンダ技術 | ○ | | | ○ | ○ |
| 金型技術 | ○ | | | ○ | ○ |
| 射出成型技術 | ○ | | | ○ | ○ |
| 板金技術 | ○ | | | ○ | ○ |
| メッキ技術 | ○ | | | ○ | ○ |
| 塗装技術 | ○ | | | ○ | ○ |
| 切削技術 | ○ | | | ○ | ○ |
| 試験技術 | ○ | | | | ○ |
| 製造条件設定技術 | ○ | | | | ○ |
| 検査項目設定技術 | ○ | | | | ○ |
| 自動機設計技術 | ○ | | | ○ | ○ |
| 回路設計技術 | ○ | | | | ○ |
| 廃液処理技術 | | ○ | | ○ | ○ |
| ばい煙測定技術 | | ○ | | ○ | ○ |
| 情報セキュリティ技術 | | | ○ | | ○ |
| 労働安全衛生 | | | | ○ | ○ |

### 7.4　監査員の適切な評価方法の選択

#### (1)　目的

監査員の評価方法には，監査活動のパフォーマンス及び監査員の経験などの記録で評価することが大切である．ここでは，評価方法の種類，目的及び例について述べている．

### (2)　規格の引用

JIS Q 19011:2019

#### 7.4　監査員の適切な評価方法の選択

評価は，**表2**に示す方法の二つ以上を利用して行うことが望ましい．**表2**を利用するときは，次の事項に注意することが望ましい．

**a)**　**表2**に概要を示した方法は，様々な選択肢の中の代表的なものであり，全ての状況に適用してよいとは限らない．

**b)**　**表2**に概要を示した様々な方法の信頼性は，それぞれ異なってよい．

**c)**　評価結果が客観的で，一貫性をもち，公正で，かつ，信頼できることを確実にするために，複数の評価方法を組み合わせて用いることが望ましい．

**表2－監査員の評価方法**

| 評価方法 | 目的 | 例 |
|---|---|---|
| 記録のレビュー | 監査員の経歴を検証する． | 教育，訓練，雇用，専門家としての資格及び監査経験の記録の解析 |
| フィードバック | 監査員のパフォーマンスがどのように受け止められているかに関する情報を与える． | 調査，質問票，推薦状，お礼状，苦情，パフォーマンス評価，相互評価 |
| インタビュー | 望ましい専門家としての行動及びコミュニケーションの技能を評価し，情報を検証し，知識を試験し，並びに追加情報を獲得する． | 個人面談 |
| 観察 | 望ましい専門家としての行動，並びに知識及び技能を適用する能力を評価する． | ロールプレイ，立会い監査，監査業務中のパフォーマンス |
| 試験 | 望ましい行動，並びに知識，技能及びそれらの適用を評価する． | 口頭及び筆記試験，心理試験 |
| 監査後のレビュー | 監査活動中の監査員のパフォーマンスに関する情報を与え，強み及び改善の機会を特定する． | 監査報告書のレビュー，監査チームリーダー，監査チームへのインタビュー，適切な場合は被監査者からのフィードバック |

**(3)　推奨事項の解説**

**①　評価は，表 2 に示す方法の二つ以上を利用して行うことが望ましい．**

評価は定性的なものと定量的なものの組合せで行うことが効果的であるので，表 2 に示す評価方法から二つ以上選択して評価することが大切である．

**(4)　実践にあたって**

監査員の評価方法は，次に示す方法が効果的である．

**a)**　監査記録のレビュー結果

監査員の監査所見の記録をもとに，適合，不適合，改善の機会などの判断力を評価する．

**b)**　被監査者などからのフィードバック

監査活動に対する被監査者のアンケート結果から監査技術，行動などを評価する．

**c)**　面接の実施

監査員と面談して力量を評価する．

**d)**　監査活動の観察結果

監査チームリーダー，監査事務局，又はコンサルタントの評価結果から監査技術，管理技術，固有技術，MS に関する理解度などを評価する．

**e)**　監査員研修後の試験結果

監査員研修中の受講者の行動や試験の結果から監査技術，行動，及び MS 規格の理解度などを評価する．

**f)**　監査記録のレビュー

監査チェックリスト，監査チェックシート，監査所見，監査報告書などで評価する．

## 7.5　監査員の評価の実施

**(1)　目的**

明確にした監査基準（7.2.3）に従って監査員の評価を行い，評価基準を満たさない場合には追加の訓練を行うことが大切である．ここでは，評価の実施の考え方を述べている．

### (2)　規格の引用

JIS Q 19011:2019

**7.5　監査員の評価の実施**

評価対象の監査員について収集した情報を**7.2.3**で設定した基準と比較することが望ましい．評価対象の監査員が，監査プログラムに参加が見込まれていて，評価基準を満たさないときには，追加の訓練，業務経験又は監査経験を積ませ，それに続く再評価を行うことが望ましい．

### (3)　推奨事項の解説

**①　評価対象の監査員が，評価基準を満たさないときには，追加の訓練，業務経験又は監査経験を積ませ，それに続く再評価を行うことが望ましい．**

監査員が，明確にした力量を維持・開発しているかどうかを確認するため，決定した監査員の評価方法に基づいて評価を継続的に行うことが大切である．

### (4)　実践にあたって

教育訓練の有効性評価を行って，問題があった場合には，力量のギャップを埋めるための再教育を行い，監査業務で実践を積んで再評価する必要がある．

## 7.6　監査員の力量の維持及び向上

### (1)　目的

監査に関する知識や技能は，監査活動を行わないことやMSの変更によって，現在保有している力量のレベルが低下する可能性があるので，継続的な教育・

訓練を行うことが大切である．ここでは，継続的な力量向上の例について述べている．

### (2)　規格の引用

JIS Q 19011:2019

**7.6　監査員の力量の維持及び向上**

監査員及び監査チームリーダーは，継続的にその力量を向上することが望ましい．監査員は，マネジメントシステムの監査への定期的な参加及び専門能力の継続的開発によって，監査の力量を維持することが望ましい．これは，次のような手段で達成してよい．例えば，追加の業務経験，訓練，個人学習，業務指導並びに会合，セミナー及び会議への参加，又はその他関連する諸活動がある．

監査プログラムをマネジメントする人は，監査員及び監査チームリーダーのパフォーマンスの継続的評価のための適切な仕組みを確立することが望ましい．

専門能力の継続的開発活動では，次の事項を考慮に入れることが望ましい．

**a)**　監査の実施に責任をもつ個人及び組織の，ニーズの変化

**b)**　技術の利用を含む，監査の実践における開発

**c)**　手引・支援文書を含む関連する規格，及びその他の要求事項

**d)**　業種又は分野における変化

### (3)　推奨事項の解説

**①　監査プログラムをマネジメントする人は，監査員及び監査チームリーダーのパフォーマンスの継続的評価のための適切な仕組みを確立することが望ましい．**

監査員及び監査チームリーダーのパフォーマンスは，監査活動を行わない

ことによる力量のレベル低下の状況を把握するためや力量向上のための訓練の有効性評価を行うために，継続的評価を行うことが大切である．

**②　専門能力の継続的開発活動では，次の事項を考慮に入れることが望ましい．**

社会のニーズ・期待の変化に応じて固有技術は進歩するので，この動向を考慮して a)～d) に関する継続的な能力開発を行うことが大切である．

### (4)　実践にあたって

専門家として監査を実施している要員，例えば品質保証部門の要員は別にしても，一般の監査員は年間を通して監査業務を行っているわけではない．このため，力量を維持する方法として，監査の実施前に監査プロセスの勉強をすることも効果的である．しかし，これだけでは不十分である．監査技術（観察技術，サンプリング技術，質問技術，チェックシート作成技術，評価技術，記録技術，是正処置評価技術，プロセスアプローチ技術，有効性評価技術）は，監査を行うためのものだけではなく，日常業務の中でも使用されるものであるので，監査員だけに必要な技術ではないということを認識する必要がある．したがって，日常業務を行うことで監査技術の維持及び向上につながると考えるとよい．要はマネジメント力を常に発揮することが大切である．

# 第3章　効果的な監査プロセスの構築方法と事例

## 3.1　監査プロセスの構築方法

### 3.1.1　業務機能展開の基本

プロセスを設計する方法として，QFD（Quality Function Deployment）の一つである業務機能展開を活用すると効果的で効率的である．業務機能展開とは，品質を形成する業務を階層的に分析して明確化する方法のことであり，業務を，1次機能，2次機能，3次機能等に分析・展開（機能展開）することによって，その内容を具体化することができる（表3.1参照）．さらに機能展開後に，業務を行う際に必要なインプット，業務のアウトプット，業務の担当者，業務の成果を把握するための監視・測定の項目とその方法を明確にできるという特徴がある．

**表3.1**　業務機能展開の構造

| 基本機能 | 1次機能 | 2次機能 | 3次機能 |
|---|---|---|---|
| 業務目的 | 業務1 | 業務1.1 | 業務1.1.1 |
| | | | 業務1.1.2 |
| | | | 業務1,1,3 |
| | | 業務1.2 | 業務1.2.1 |
| | | | 業務1.2.2 |
| | 業務2 | 業務2.1 | 業務2.1.1 |
| | | | 業務2.1.2 |
| | | 業務2.2 | 業務2.2.1 |
| | | | 業務2.2.2 |
| | | | 業務2.2.3 |

業務機能展開は, 新QC七つ道具の手法の一つである系統図法を用いている. 系統図法とは, 小集団活動などの改善活動で特性要因図や連関図を用いて, 要因の洗い出しを行った時に, その判明した要因から対策が即座に実施できればよいが, まだ展開が不十分であったり, 実施が非常に困難な対策となったりすることがある. そのようなときに, より具体的な対策（手段）を求めるために, 目的・手段を系統的にまとめることを目的とした手法である.

すなわち, 図3.1に示すように, 目的・目標・結果等のゴールを設定し, このゴールに到達するための手段や方策となるべき事柄を展開していく手法であり, 基本目的を達成するための手段に展開し, この手段を目的に置き換えて, これを達成するための手段を順次展開するという考え方である.

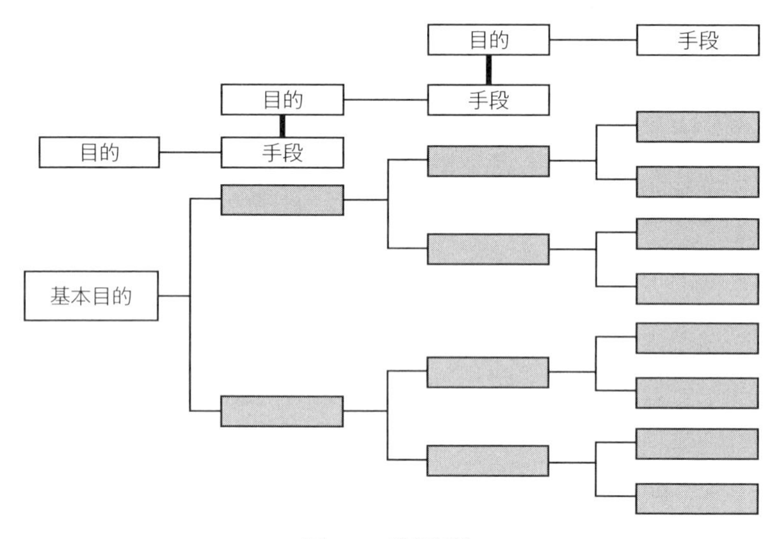


**図3.1**　系統図法

この業務機能展開を活用することで, プロセスの効果及び効率を高めるような設計が可能になるとともに, “プロセスの見える化”を図ることができる. 業務機能展開を活用したプロセスの設計の利点は, 次のとおりである.

① 実行すべき仕事が明確になる.

仕事を行うために必要なプロセスに関する機能（活動・要素）が明確になる．

② 仕事の相互関係，すなわち，つながりが明確になるので，情報のサプライチェーンが確立できる．

プロセスが機能展開されているので，単位作業（表3.1の3次機能に該当）の相互関係が明確になる．

③ 管理のポイントが明確になるので，プロセス管理が可能になる．

プロセス内で監視及び測定すべき単位作業が明確になるので，これをどのように管理すべきかが明確になる．

④ 知（情報）の共有化ができる．

単位作業が明確になっているので，個人が保有している知識を共有化できる．

⑤ 手順の標準化を推進できる．

プロセスを機能展開することで，手順を文書化する際に効率的にできる．

⑥ プロセスの見える化ができる．

プロセスを機能展開した結果が，可視化できることで見える化につながり，誰でもが理解できる．

業務機能展開を行う際の基本的な考え方を次に示す．

(a) 部門の使命・役割を明確にし，部門が行う業務（使命・役割を達成するために行う必要のある活動・行為）を実行可能なレベルにまで具体化する．

顧客の苦情を受け付ける部門でいえば，“お客様からの情報を受け，内容を確認し，その対応を行う”というのが業務となる．

(b) 業務は“対象＋作用”の形式で記述する．

(c) 対象は名詞で，作用は他動詞で記すと，“名詞＋他動詞”形式の表現となる．

このような表現は機能表現と呼ばれる．したがって，業務の記述にあたっては，この機能表現を用いる場合が多い．なお，最後の業務機能は単位作業といい，単位作業を行うためのインプットは何か，そのアウトプットは何か，誰が行うのか，また，監視項目や測定項目は何かを明確にすることでプロセス分析ができる．

以上の考え方に基づいて，次の検査手順を業務機能展開した結果を表3.2に示す．

“検査員は，測定機器を使用して製品の検査を行い，その結果を検査様式に記録した後，合否判定基準に基づいて合否の判定を行い，その結果を検査表に記録し，製品に合格又は不合格印を押印する．これらの検査データは，リーダーが月1回分析を行う．”

**表3.2**　検査手順の業務機能展開

| 単位作業 | インプット | アウトプット | 担当者 | 監視項目 | 監視時期 |
|---|---|---|---|---|---|
| 検査を行う | 測定機器，製品 | 結果 | 検査員 | | |
| 記録を行う | 結果 | 検査様式 | 検査員 | | |
| 合否判定を行う | 検査様式，合否判定基準 | 結果 | 検査員 | | |
| 記録を行う | 結果 | 検査様式 | 検査員 | | |
| 押印を行う | 製品，合格又は不合格印 | 合格又は不合格印の表示 | 検査員 | | |
| 分析を行う | 検査様式 | − | リーダー | 検査データ分析時期 | 月1回 |

### 3.1.2　業務機能展開の手順

業務機能展開を行うためには，表3.3に示すフォーマットを使用し，次に示すステップに基づいてプロセス設計を行う．なお，業務機能展開では，エクセルを使用すると効率的に作成できる．

表 3.3 プロセス設計のフォーマット

| 基本機能 | 1次機能 | 2次機能 | インプット | アウトプット | 実施者 | 監視項目 | 監視時期 | 測定項目 | 測定時期 | マネジメントの責任者 |
|---|---|---|---|---|---|---|---|---|---|---|
| プロセスの目的 | 目的を達成するための手段 | 1次機能を達成するための手段<br><br>順次機能を展開する<br><br>最終機能が単位作業になる | 単位作業を実施するために必要なインプット | 単位作業からのアウトプット | 単位作業を実施する人 | 単位作業で監視の対象となる項目<br><br>一般的には，点検項目 | 監視する時期 | 単位作業で測定の対象となる項目<br><br>一般的には，管理項目 | 測定する時期 | 監視・測定の責任者 |

**手順1：基本機能の明確化**

何のためにこのプロセスを構築し，運営管理するのかという目的をはっきりさせる．

例えば，監査の目的は，“MSを効果的で効率的に評価する”ことである．したがって，これが基本機能になる．

**手順2：1次機能の明確化**

基本機能を達成するための活動をはっきりさせる．

例えば，“基本機能：MSを効果的で効率的に評価する”ためには，1次機能として表3.4に示す活動がある．

**表 3.4** 手順2の結果

| 1次機能 |
|---|
| 監査計画を策定する |
| 監査員を選定する |
| 監査実施を通知する |
| 監査を実施する |
| 監査結果を報告する |

**手順3：2次機能以下の明確化と単位作業（最終機能）の明確化**

2次機能を達成するための活動をはっきりさせ，順次具体的な作業に到達するまで展開する．具体的な作業がはっきりしたものを単位作業とする．

例えば，“1次機能：年度監査計画を策定する”ためには，2次機能として，“年度監査計画を確定する”，“個別計画を確定する”という活動があり，“2次機能：年度監査計画を確定する”ための活動には，“年度監査計画作成のための情報を収集する”，“年度監査計画を作成する”，“年度監査計画を承認する”があり，これは具体的な作業にあたるので，これを最終機能（単位作業）とする．この結果を表3.5に示す．

**表 3.5** 手順3の結果

| 1次機能 | 2次機能 | 単位作業 |
|---|---|---|
| 年度監査計画を策定する | 年度監査計画を確定する | 年度監査計画作成のための情報を収集する |
| | | 年度監査計画を作成する |
| | | 年度監査計画を承認する |
| | 個別計画を確定する | 年度監査計画を確認する |

### 手順 4：単位作業のインプットの明確化

単位作業を行うために必要なインプットをはっきりさせる．

例えば，“単位作業：年度監査計画作成のための情報を収集する”では，この単位作業では特に考える必要はないので記述しない．その結果を表3.6 に示す．

**表 3.6**　手順 4 の結果

| 1 次機能 | 2 次機能 | 単位作業 | インプット |
|---|---|---|---|
| 年度監査計画を策定する | 年度監査計画を確定する | 年度監査計画作成のための情報を収集する | − |
| | | 年度監査計画を作成する | |
| | | 年度監査計画を承認する | |
| | 個別計画を確定する | 年度監査計画を確認する | |

### 手順 5：単位作業のアウトプットの明確化

単位作業を行った結果であるアウトプットをはっきりさせる．

例えば，“単位作業：年度監査計画作成のための情報を収集する”では，収集した情報がアウトプットになるので，例えば，“年度事業計画書，マネジメントレビューの記録”になる．その結果を表 3.7 に示す．

**表 3.7**　手順 5 の結果

| 1 次機能 | 2 次機能 | 単位作業 | インプット | アウトプット |
|---|---|---|---|---|
| 年度監査計画を策定する | 年度監査計画を確定する | 年度監査計画作成のための情報を収集する | − | 年度事業計画書，マネジメントレビューの記録 |
| | | 年度監査計画を作成する | | |
| | | 年度監査計画を承認する | | |
| | 個別計画を確定する | 年度監査計画を確認する | | |

**手順6：単位作業の実施者の明確化**

単位作業の実施者をはっきりさせる．

例えば，“単位作業：年度監査計画作成のための情報を収集する”の実施者は，“担当者”になる．また，同様に“年度監査計画を作成する”についても展開する．その結果を表3.8に示す．

**表3.8**　手順6の結果

| 1次機能 | 2次機能 | 単位作業 | インプット | アウトプット | 実施者 |
|---|---|---|---|---|---|
| 年度監査計画を策定する | 年度監査計画を確定する | 年度監査計画作成のための情報を収集する | − | 年度事業計画書，マネジメントレビューの記録 | 担当者 |
| | | 年度監査計画を作成する | 年度事業計画書，マネジメントレビューの記録 | 年度監査計画書（案） | 担当者 |
| | | 年度監査計画を承認する | | | |
| | 個別計画を確定する | 年度監査計画を確認する | | | |

**手順 7：単位作業の管理項目（監視・測定項目）及び監視時期の明確化**

単位作業のパフォーマンスをどのような指標で監視又は測定するかを明確にする．

2 次機能で監視又は測定対象となるのは，いつまでに計画を作成するかが重要であると考え，“年度監査計画を作成する”を管理する必要があると判断した場合には，“作成時期”を監視項目とし，監視時期を“3 月 20 日まで”とする．その結果を表 3.9 に示す．

**表 3.9**　手順 7 の結果

| 1 次機能 | 2 次機能 | 単位作業 | インプット | アウトプット | 実施者 | 監視項目 | 監視時期 |
|---|---|---|---|---|---|---|---|
| 年度監査計画を策定する | 年度監査計画を確定する | 年度監査計画作成のための情報を収集する | − | 年度事業計画書，マネジメントレビューの記録 | 担当者 | | |
| | | 年度監査計画を作成する | 年度事業計画書，マネジメントレビューの記録 | 年度監査計画書(案) | 担当者 | 作成時期 | 3 月 20 日まで |
| | | 年度監査計画を承認する | | | | | |
| | 個別計画を確定する | 年度監査計画を確認する | | | | | |

**手順8：監視・測定項目の管理責任者の抽出（業務機能展開の完成）**

監視・測定項目を管理する責任者を決める．手順1～手順8の結果が業務機能展開の完了になる．

年度監査計画の策定時期を“課長”が監視すると決めた場合には，課長が管理責任者になる．その結果を表3.10に示す．

**表3.10**　手順8の結果

| 1次機能 | 2次機能 | 単位作業 | インプット | アウトプット | 実施者 | 監視項目 | 監視時期 | 監視の責任者 |
|---|---|---|---|---|---|---|---|---|
| 年度監査計画を策定する | 年度監査計画を確定する | 年度監査計画作成のための情報を収集する | － | 年度事業計画書，マネジメントレビューの記録 | 担当者 | | | |
| | | 年度監査計画を作成する | 年度事業計画書，マネジメントレビューの記録 | 年度監査計画書(案) | 担当者 | 作成時期 | 3月20日まで | 課長 |
| | | 年度監査計画を承認する | | | | | | |
| | 個別計画を確定する | 年度監査計画を確認する | | | | | | |

**手順 9：機能に対するリスクへの対応**

手順 8 の結果についてレビューを行うため, 品質, コスト, 量･納期, 環境, 情報セキュリティ, 安全などに関するリスクを抽出し, 評価し, リスクの大きなものについて改善を行う.

**手順 10：業務機能展開の修正**

改善結果を業務機能展開へ反映する.

**手順 11：業務機能展開の文書化**

手順 10 の結果をもとに, これを文書化する. 文書化した例を次に示す.

**1. 年度監査計画の策定**

(1)　年度監査計画の確定

担当者は, 年度監査計画を作成するため, 年度事業計画書及びマネジメントレビューの記録などの情報を収集・検討し, 3 月 20 日までに年度監査計画書（案）を作成する.

## 3.2　内部監査プロセスの業務機能展開の事例

業務機能展開を活用した内部監査プロセスの業務機能展開の例を表 3.11 に示す.

**表3.11　内部監査プロセスの業務機能展開の例**

| 基本機能 | 1次機能 | 2次機能 | 3次機能 | 4次機能 | インプット | アウトプット | 実施者 | 監視項目 | 監視方法 | 測定項目 | 測定方法 | 管理責任者 | 問題点 |
|---|---|---|---|---|---|---|---|---|---|---|---|---|---|
| QMSが効果的に運営管理されているかを監査する | 適用範囲を決める | | | | | | | | | | | | |
| | 内部監査の目的を決める | | | | | | | | | | | | 組織のQMSへの適合性に関しての考え方が不明 |
| | 内部監査の責任者及び責任・権限を決める | 代表取締役の責任・権限を決める | 内部監査員の資格認定を行う | | | | 代表取締役 | | | | | | |
| | | | 内部監査員の指名を行う | | | | 代表取締役 | | | | | | |
| | | | 内部監査計画の承認を行う | | | | 代表取締役 | | | | | | |
| | | 管理責任者の責任・権限を決める | 内部監査プログラムを運営管理する | | | | 管理責任者 | | | | | | リーダーの責任権限が不明 |
| | | | 内部監査計画を策定する | | | | 管理責任者 | | | | | | |
| | | | 内部監査員の訓練を行う | | | | 管理責任者 | | | | | | |
| | | | 不適合報告書の確認を行う | | | | 管理責任者 | | | | | | |
| | | | 内部監査結果の報告を行う | | | | 管理責任者 | | | | | | |
| | 内部監査の手順を決める | 内部監査計画を策定する | 内部監査計画を策定する | | 監査の対象となるプロセス及び領域の状態と重要性 | 内部監査計画 | 管理責任者 | 作成時期 | 9月, 3月又は臨時 | | | | 臨時の考え方が不明<br>これまでの監査結果の考え方が不明 |
| | | | | | これまでの監査結果 | | | | | | | | |
| | | | 内部監査結果を承認する | | 内部監査計画 | | 代表取締役 | | | | | | |
| | | 内部監査実施を通知する | リーダー及び内部監査員を選定する | | 内部監査一覧表 | 選定結果 | 管理責任者 | | | | | | 内部監査員の指名の考え方が不明 |
| | | | 承認を得る | | 選定結果 | 承認結果 | 管理責任者 | | | | | | |
| | | | 監査対象となる部門へ提出する | | | 内部監査通知書 | 管理責任者 | 監査実施日 | 一ヶ月前 | | | | |
| | | 監査を準備する | 監査項目を選定する | | 内部監査チェックリスト | 監査すべき要求事項 | リーダー及び内部監査員 | | | | | | |
| | | | 監査対象プロセスに関する情報を収集する | | | 品質目標の達成状況 | リーダー及び内部監査員 | | | | | | |
| | | 監査メンバーで打合せを行う | メンバーと役割について打合せを行う | | | | リーダー | 打合せ時期 | 監査の前 | | | | |

| | | | | | | | | | | | | | |
|---|---|---|---|---|---|---|---|---|---|---|---|---|---|
| QMSが効果的に運営管理されているかを監査する | 内部監査の手順を決める | 監査を実施する | 被監査部門に監査の実施について説明を行う | | | | | | | | | | |
| | | | 監査を行う | | 内部監査チェックリスト | | | | | | | | |
| | | | 記録を行う | | 不適合又は注記に該当するもの | 内部監査チェックリスト | | | | | | | |
| | | | 不適合を定義する | | | | | | | | | | |
| | | | 注記を定義する | | | | | | | | | | |
| | | | 監査所見を作成する | メンバーとレビューを行う | 発見した不適合又は注記 | | リーダー | 作成時期 | 監査終了後 | | | | |
| | | | | 記録を作成する | | 不適合兼是正処置報告書，注記報告書 | | | | | | | |
| | | | 被監査部門に監査結果を報告する | 報告する | 不適合兼是正処置報告書，注記報告書 | | リーダー | | | | | | |
| | | | 被監査部門に監査結果を報告する | 承認を得る | 不適合兼是正処置報告書，注記報告書 | | リーダー | | | | | | |
| | | | | 承認しない場合には，その内容を記録する | | | | | | | | | |
| | | | 監査報告書を作成する | | 監査結果 | 内部監査報告書 | リーダー | 報告時期 | 監査終了後一週間以内 | | | | |
| | | | | 管理責任者に報告する | | | リーダー | | | | | | |
| | | 不適合又は注記の処置を行う | 是正処置を行う | | 不適合兼是正処置報告書 | | 被監査部門 | | | | | | |
| | | | 処置を行う | | 注記報告書 | | 被監査部門 | | | | | | |
| | | 監査結果をまとめる | 監査結果を分析する | | | | 管理責任者 | | | | | | マネジメントレビューとの関係が不明 |
| | | | 結果を代表取締役及び被監査部門に報告する | | | | | | | | | | |

# 第4章　監査の視点

## 4.1　単一 MS の内部監査の視点

品質，環境，情報セキュリティ，及び労働安全衛生に関する MS 規格要求事項に着目した主な内部監査の視点を次に示す.

### 4.1.1　ISO 9001 の内部監査の視点（以下，規格の箇条番号に対応）

#### 4.1　組織及びその状況の理解

・組織の目的（経営理念，経営方針など）及び戦略的な方向性（戦略など）に関連する外部・内部の課題をどのような方法で明確にしているかを経営計画や年度事業計画などで確認する.

・QMS の意図した結果（QMS の運営管理の目的）を達成するために現在保有している技術，設備，人，知識，情報などに関係する能力に影響を与える外部・内部の課題をどのような方法で明確にしているかを年度事業計画などで確認する.

・外部・内部の課題の状況を把握するための情報をどのような方法で監視しているか, それが適切で妥当であるかについて評価しているかを確認する.

#### 4.2　利害関係者のニーズ及び期待の理解

・各部門において，QMS の運営管理に影響を与える，運営管理の影響を受ける，運営管理の影響を受けると考えている利害関係者をどのような方法で明確にしているかを確認する.

・それらの利害関係者の要求事項をどのような方法で明確にしているかを確認する.

・それらの利害関係者と要求事項に関する情報をどのような方法で監視しているか，それが適切で妥当であるかについて評価しているかを確認する.

**4.3　品質マネジメントシステムの適用範囲の決定**

・適用範囲は，4.1 の外部・内部の課題，4.2 の要求事項，製品・サービスをどのように考えて決定しているかを確認する.

・適用範囲を文書にしているかを確認する.

・適用不可能な要求事項があった場合には，その正当性（QMS の運営管理に必要な機能ではないこと）を確認する.

**4.4　品質マネジメントシステム及びそのプロセス**

・それぞれのプロセスで，a) ～ h) に関する活動を確認する.

・特にパフォーマンス指標を決めているかを確認する.

**5　リーダーシップ**

**5.1　リーダーシップ及びコミットメント**

**5.1.1　一般**

・a）トップマネジメントが，マネジメントレビュー（例：経営会議，月次会議）でどのような発言・指示を実施しているかを確認する.

・b）組織の戦略的方向性に従って，品質方針及び関連する品質目標を確立する仕組みになっているかを確認する.

・c）事業プロセスと QMS 要求事項の統合に関する指示をどのように実施しているかを確認する.

・d）事業計画策定時やマネジメントレビューで，プロセスアプローチ・リスクに基づく考え方を示唆しているかを確認する.

・e）QMS の運営管理に必要な資源が利用できるような仕組みになっているかを確認する.

・f）どのような方法で伝達しているかを確認する.

・g) どのような方法で実施しているかを確認する.
・h) どのような方法で，QMSの有効性に寄与するよう人々に参加させ，指揮，支援しているかを確認する.
・i) どのような方法で改善への働きかけを行っているかを確認する.
・j) 管理層への役割の支援をどのような方法で実施しているかを確認する.

#### 5.1.2　顧客満足

・品質方針，事業計画の内容，マネジメントレビューの内容から，トップマネジメントが顧客に焦点をあてた行動をしているかを確認する.

### 5.2　方針

#### 5.2.1　品質方針の確立

・品質方針は，組織の目的や戦略的方向性をもとに策定しているかを確認する.
・品質方針には，品質目標の設定のための方法又は考え方を含めているかを確認する.
・品質方針には，要求事項を満たすことへの意思表示を含めているかを確認する.
・品質方針には，QMSの継続的改善への意思表示を含めているかを確認する.

#### 5.2.2　品質方針の伝達

・品質方針の維持管理を実施しているかを確認する.
・品質方針を組織内にどのような方法で伝達しているか，要員に理解させているか，仕事に適用させているかを確認する.
・4.2で明確にした密接に関連する利害関係者が品質方針をどのような方法で入手できる状態になっているかを確認する.

### 5.3　組織の役割，責任及び権限

・関連規程で責任・権限を確認する.
・a)～e)の責任・権限を持っている人は誰なのか，それをどのような方法

で実施しているかを確認する.

## 6　計画

### 6.1　リスク及び機会への取組み

・4.1 で明確にした課題と 4.2 で明確にした要求事項をインプットとして，QMS の年度計画を策定しているかを確認する.

・a) ～ d) に取組むための方法を明確にし，それに対するリスクと機会をどのような方法で決定しているかを確認する.

・6.1.1 で特定したリスク及び機会への取組みの計画を策定しているかを確認する.

・リスク及び機会への取組みの計画を策定する際には，リスク及び機会への対応を考えているかを確認する.

・次の事項に関する計画を策定しているかを確認する.
取組みを実施するプロセスとその実施項目，取組みの有効性の評価

### 6.2　品質目標及びそれを達成するための計画策定

・品質目標は，決めたとおりに展開しているかを確認する.

・品質目標を達成することで品質方針が満たされるかを確認する.

・品質目標をパフォーマンス指標として設定しているかを確認する.

・品質目標は，適用している要求事項を考えて設定しているかを確認する.

・品質目標の達成状況を監視して，その情報を関係者に伝達しているかを確認する.

・品質目標を達成するために，a) ～ e) の事項を決めているかを確認する.

### 6.3　変更の計画

・年度途中でマネジメントレビューの結果をもとに，QMS の変更が決定された場合には，a) ～ d) の事項を考えて，変更の計画を策定しているかを確認する.

## 7　支援

### 7.1　資源

#### 7.1.1　一般

・QMS の確立，実施，維持，継続的改善に必要な資源の決定と提供を決めたとおりに実施しているかを確認する．

#### 7.1.2　人々

・要員配置計画などを決めたとおりに実施しているかを確認する．

#### 7.1.3　インフラストラクチャ

・プロセスの運用と製品・サービスの適合を達成するために必要なインフラストラクチャを明確にし，提供し，維持しているかを確認する．

・設備投資計画，設備保全計画を確認する．

#### 7.1.4　プロセスの運用に関する環境

・プロセスの運用に必要な環境，並びに製品・サービスの適合を達成するために必要な環境を明確にし，提供し，維持しているかを確認する．

・社会的要因，人的要因，物理的要因に着目する．

#### 7.1.5　監視及び測定のための資源

##### 7.1.5.1　一般

・監視及び測定に使用する資源の管理を決めたとおりに実施しているかを確認する．

##### 7.1.5.2　測定のトレーサビリティ

・校正が必要な測定機器の管理を実施しているかを確認する．

・測定機器の取扱いに関する手順に従って実施しているかを確認する．

・校正外れが出た場合の過去の測定結果の取扱いを確認する．

#### 7.1.6　組織の知識

・プロセスの運用に必要な知識，並びに製品・サービスの適合を達成するために必要な知識を明確にしているかを確認する．

・知識が維持され，利用できる状態になっているかを確認する．

・新たな知識が必要な場合は，どのような方法でそれを入手することになっているかを確認する．

### 7.2　力量

・要員に必要な知識と技能をどのような方法で明確にしているかを確認する．
・要員の現状の知識と技能をどのような方法で把握しているかを確認する．
・不足している知識と技能に対してとった処置の有効性の評価をどのような方法で実施しているかを確認する．
・知識と技能の記録を作成し，管理しているかを確認する．

### 7.3　認識

・a) ～ d) の事項について，要員が認識を持てるようにするためにどのような方法をとっているかを確認する．
・各要員が a) ～ d) の事項を理解しているかを確認する．

### 7.4　コミュニケーション

・QMS に関連する内部・外部のコミュニケーション（委員会や会議など）には何があるかを確認し，a) ～ e) の事項を決めているかを確認する．

### 7.5　文書化した情報

#### 7.5.1　一般

・ISO 9001 で要求されている文書と記録を作成しているかを確認する．
・QMS の有効性のために必要であると組織が決定した，文書や記録を作成しているかを確認する．
・標準化の体系を確認する．

#### 7.5.2　作成及び更新

・文書の形態の仕組みを確認する．
・文書や記録が，引用している ISO 規格・JIS，法令規制要求事項などと整合しているか，文書や記録内で整合しているか，他の関連する文書や記録と整合しているか，文書や記録の内容が必要十分かについてどのような方法でレビューしているかを確認し，決めたとおりに承認しているかを確認する．

### 7.5.3　文書化した情報の管理

・文書管理の手順で，決めたとおりに文書と記録の管理を実施しているかを確認する．
・QMS の計画及び運用のために組織が必要と決定した外部からの文書化した情報（例:JIS･ISO，法令，顧客の仕様書）は，必要に応じて，識別し，管理しているかを確認する．
・記録は意図しない改変（作業ミスなどで記録を削除する，上書きするなど）から保護しているかを確認する．

## 8　運用

### 8.1　運用の計画及び管理

・箇条 6 で決めた取組みのためのプロセス管理を確認する．（具体的には 8.2 以降で確認する）
・QC 工程表，設計計画書，購買計画書などを確認する．
・これらの計画の変更管理を確認する．
・思いがけない変更（購買先が変更届を提出しないで勝手に仕様変更したなど）で問題が生じた場合には処置をとっているかを確認する．

### 8.2　製品及びサービスに関する要求事項

#### 8.2.1　顧客とのコミュニケーション

・顧客とのコミュニケーションをどのように実施しているかを確認する．
・顧客との契約事項を確認する．
・顧客への製品・サービスの提供で問題が発生した場合の対応について検討しているかを確認する．

#### 8.2.2　製品及びサービスに関する要求事項の明確化

・製品・サービスの要求事項をどのような方法で明確にしているかを確認する．

・提供する製品・サービスに関して主張している内容（30分で配達できる，世界一軽量の製品が提供できるなど）を満たすことができるための能力を確保しているかを確認する．

#### 8.2.3　製品及びサービスに関する要求事項のレビュー

・製品・サービスに関する要求事項をどのような方法でレビューしているかを確認する．

#### 8.2.4　製品及びサービスに関する要求事項の変更

・製品・サービスに関する要求事項が変更された場合の方法を確認する．

### 8.3　製品及びサービスの設計・開発

#### 8.3.1　一般

・設計・開発プロセスが構築されているかを確認する．

#### 8.3.2　設計・開発の計画

・設計・開発プロセスの計画を策定する際に a)～j) に関してどのように考慮して決定したかを確認する

#### 8.3.3　設計・開発へのインプット

・設計・開発計画で決められたインプットでは，a)～e) をどのように考慮したのかを確認する．

#### 8.3.4　設計・開発の管理

・設計・開発プロセスのパフォーマンス指標を決めているかを確認する．

・レビュー，検証，妥当性確認を決めたとおりに実施し，問題があった場合には処置を行い，それに関する記録を確認する．

#### 8.3.5　設計・開発からのアウトプット

・設計・開発計画のとおりにアウトプットが存在し，a)～d) を満たしているかを確認する．

#### 8.3.6　設計・開発の変更

・設計・開発の変更を決めたとおりに実施し，a) ～ d) に関する記録を確認する.

### 8.4　外部から提供されるプロセス，製品及びサービスの管理

#### 8.4.1　一般

・a) ～ c) に該当している外部から提供されるプロセス，製品及びサービスを確認する.

・外部提供者の能力には何があるかを確認する.

・外部提供者の評価，選択，パフォーマンス，再評価の基準を確認する.

・これらの結果についての記録を確認する.

#### 8.4.2　管理の方式及び程度

・外部から提供されるプロセス，製品及びサービスが，組織の QMS の適用範囲に含まれ，管理対象となっているかを確認する.

・提供者の能力を考えて管理の方式及び程度を決める際には，a) ～ d) を考慮しているかを確認する.

#### 8.4.3　外部提供者に対する情報

・外部提供者への情報 a) ～ f) をどのような方法で伝達しているかを購買契約書などで確認する.

### 8.5　製造及びサービス提供

#### 8.5.1　製造及びサービス提供の管理

・a) ～ h) に関する工程管理の状況を確認する.

#### 8.5.2　識別及びトレーサビリティ

・決めたとおりに識別及びトレーサビリティを実施しているかを確認する.

#### 8.5.3　顧客又は外部提供者の所有物

・顧客又は外部提供者の所有物の管理を決めたとおりに実施しているかを確認する.

#### 8.5.4 保存

・アウトプットの保存を決めたとおりに実施しているかを確認する.

#### 8.5.5 引渡し後の活動

・要求される引渡し後の活動の程度を決定する際に，a) ～ e) をどのように考慮しているかを確認する.

#### 8.5.6 変更の管理

・4M の変更管理を決めたとおりに実施しているかを確認する.

・必要な記録を作成しているかを確認する.

### 8.6 製品及びサービスのリリース

・製品及びサービスのリリースを決めたとおりに実施しているかを確認する.

・特採の処理について確認する.

### 8.7 不適合なアウトプットの管理

・不適合なアウトプットは管理しているかを確認する.

・不適合なアウトプットの処理は，a) ～ d) の方法で行っているかを確認する.

## 9 パフォーマンス評価

### 9.1 監視，測定，分析及び評価

#### 9.1.1 一般

・プロセスで a) ～ d) を決めて，そのとおり実施しているかを確認する.

・QMS のパフォーマンス（品質目標など）及び有効性（計画に対して計画どおりの結果が出ているか）の評価を実施しているかを確認する.

・監視及び測定の結果の記録を確認する.

#### 9.1.2 顧客満足

・顧客のニーズ・期待が満たされている程度について，顧客がどのように受け止めているかについての監視を決めたとおりに実施しているかを確認す

る.

・情報の入手, 監視・レビューの方法を確認する.

#### 9.1.3　分析及び評価

・監視及び測定から得られたデータや情報をどのような方法で分析し, 評価しているかを確認する.

・分析結果は a) ～ g) の事項を評価するために使用しているかを確認する.

### 9.2　内部監査

・内部監査を計画どおりに実施しているかを確認する.

・QMS の活動状況に関する適合性及び有効性について内部監査を実施しているかを確認する.

・a) ～ f) の事項を行っているかを確認する.

### 9.3　マネジメントレビュー

#### 9.3.1　一般

・QMS のレビューの目的を確認する.

・トップマネジメントが計画した時期に QMS のレビューを実施しているかを確認する.

#### 9.3.2　マネジメントレビューへのインプット

・a) ～ f) のインプット情報の分析が行われて, マネジメントレビューの時期に必要なものがインプットされているかを確認する.

#### 9.3.3　マネジメントレビューからのアウトプット

・a) ～ c) の事項に関する決定・処置を実施しているかを確認する.

## 10　改善

### 10.1　一般

・どのような改善を実施しているかを確認する.

### 10.2　不適合及び是正処置

・不適合の定義を確認する.

・決めたとおりに是正処置を実施しているかを確認する.

・不適合の分析（なぜなぜ分析など）を実施し，原因を明確にしているかを確認する.

・類似の不適合の発生状況，発生の可能性（水平展開など）を検討しているかを確認する.

・どのような方法で是正処置の有効性をレビューしているかを確認する.

・必要な場合には，計画の策定段階で決定したリスク及び機会を更新しているかを確認する.

・必要な場合には，QMS の変更を行っているかを確認する.

・是正処置は，検出された不適合のもつ影響に応じたものになっているかを確認する.

・是正処置に関する記録を確認する.

### 10.3　継続的改善

・QMS の適切性（QMS が，組織，並びに組織の運用，文化及び事業システムにどのように合っているか），妥当性（QMS が，十分なレベルで実施されているかどうか），有効性（QMS が，意図した成果を達成して いるかどうか）を継続的に改善しているかを確認する.

・分析及び評価の結果，並びにマネジメントレビューからのアウトプットを検討しているかを確認する.

## 4.1.2　ISO 14001 の内部監査の視点（以下，規格の箇条番号に対応）

### 4　組織の状況

### 4.1　組織及びその状況の理解

・組織の目的（経営理念，経営方針，戦略など）に関連する外部・内部の課題をどのような方法で明確にしているかを経営計画や年度事業計画などで確認する.

・EMS の意図した結果（EMS の運営管理の目的）を達成するために現在保有している技術，設備，人，知識，情報などに関係する能力に影響を与える外部・内部の課題をどのような方法で明確にしているかを年度事業計画などで確認する.

・この課題には組織から影響を受ける又は影響を受ける可能性がある環境状態（気候，大気の質，水質，土地利用，既存の汚染などに関連しているもの）が含まれているかを確認する.

### 4.2　利害関係者のニーズ及び期待の理解

・各部門において，EMS の運営管理に影響を与える，運営管理の影響を受ける，運営管理の影響を受けると考えている利害関係者をどのように決定したかを確認する.

・それらの利害関係者の要求事項（社員や協力会社はニーズ・期待になることがある）をどのように決定したかを確認する.

・それらの要求事項のうち，組織の順守義務になるものが決定されているかを確認する.

### 4.3　環境マネジメントシステムの適用範囲の決定

・適用範囲は，4.1 の外部・内部の課題，4.2 の順守義務，組織の単位・機能・物理的境界，組織の活動・製品・サービス，管理し影響を及ぼす組織の権限・能力をどのように考えて決定したかを確認する.

・適用範囲が文書化され，利害関係者がどのような方法で入手できるようになっているかを確認する.

### 4.4　環境マネジメントシステム

・プロセス及びそれらの相互作用を含む，EMS が確立されているかを確認する.

・EMSの確立，維持では，4.1，4.2で得た知識をどのように考慮しているかを確認する．

## 5 リーダーシップ

### 5.1 リーダーシップ及びコミットメント

・a）トップマネジメントが，マネジメントレビュー（例：経営会議，月次会議）でどのような発言・指示を実施しているかを確認する．
・b）組織の戦略的方向性に従って，環境方針及び関連する環境目標を確立する仕組みになっているかを確認する．
・c）事業プロセスEMS要求事項の統合に関する指示をどのように実施しているかを確認する．
・d）EMSに運営管理に必要な資源が利用できるような仕組みになっているかを確認する．
・e）どのような方法で伝達しているかを確認する．
・f）どのような方法で行っているかを確認する．
・g）どのような方法で，EMSの有効性に寄与するよう人々を指揮，支援しているかを確認する．
・h）どのような方法で行っているかを確認する．
・i）管理層への役割の支援をどのような方法で実施しているかを確認する．

### 5.2 環境方針

・環境方針は組織の目的，組織の活動，製品・サービスの性質，規模及び環境影響を含む組織の状況をもとに策定しているかを確認する．
・環境方針に，環境目標の設定のための方法又は考え方を含めているかを確認する．
・環境方針に，汚染の予防，組織の状況に関連するその他の固有なものについての意思表示を含めているかを確認する．

・環境方針に，EMS の継続的改善，環境保護に関する意思表示を含めているかを確認する．
・環境方針に，組織の順守義務を満たすことへの意思表示を含めているかを確認する．
・環境方針をどのような方法で組織内へ伝達しているかを確認する．
・利害関係者が環境方針をどのような方法で入手できる状態になっているかを確認する．

### 5.3　組織の役割，責任及び権限

・関連規程で責任・権限を確認する．
・a) 及び b) について誰に責任・権限を割り当てているかを確認し，そのとおり実施されているかを確認する．

## 6　計画

### 6.1　リスク及び機会への取組み

#### 6.1.1　一般

・4.1 で決定した課題，4.2 で決定した要求事項，EMS の適用範囲をインプットとして，EMS の年度計画を策定しているかを確認する．
・次の事項（ビュレット）に取り組むための方法を明確にして，それに対するリスクと機会をどのような方法で決定しているかを確認する．
・緊急事態が明確になっているかを確認する．
・リスク及び機会並びにプロセスに関する手順が文書化されているかを確認する．

#### 6.1.2　環境側面

・ライフサイクルの視点を考慮した環境影響を決定しているかを確認する．
・組織の活動，製品及びサービスについて，組織が管理できる環境側面及び組織が影響を及ぼすことができる環境側面，並びにそれらに伴う環境影響をどのような方法で決定しているかを確認する．

・著しい環境側面の決定方法を確認する.

・著しい環境側面の伝達方法を確認する.

・著しい環境側面に関する手順の文書化を確認する.

#### 6.1.3 順守義務

・順守義務をどのような方法で決定しているかを確認する.

・順守義務の適用をどのような方法で決定しているかを確認する.

・EMS を確立，実施，維持，継続的に改善するときに順守義務を考慮しているかを確認する.

#### 6.1.4 取組みの計画策定

・a) に関する取組みの計画を確認する.

・a) の取組みをどのような方法で行う計画になっているかを確認する.

### 6.2 環境目標及びそれを達成するための計画策定

#### 6.2.1 環境目標

・環境目標は，決めたとおりに展開されているかを確認する.

・環境目標を達成することで環境方針が満たされるかを確認する.

・環境目標は，パフォーマンス指標として設定されているかを確認する.

・環境目標の達成状況を監視して，その情報を関係者に伝達しているかを確認する.

・環境目標を更新すると決めた場合には，そのとおり実施しているかを確認する.

#### 6.2.2 環境目標を達成するための取組みの計画策定

・環境目標に対する方策が設定されているかを確認する.

・方策が a) ～ e) を満たしているかを確認する.

## 7 支援

### 7.1 資源

・資源には何があり，それを提供しているかを確認する.

### 7.2　力量

- 要員に必要な知識と技能をどのような方法で明確にしているかを確認する.
- 要員の現状の知識と技能をどのような方法で把握しているかを確認する.
- 不足している知識と技能に対してとった処置の有効性の評価をどのような方法で実施しているかを確認する.
- 知識と技能の記録を作成し，管理しているかを確認する.

### 7.3　認識

- a) ～ d) の事項について，要員が認識を持てるようにするためにどのような方法をとっているかを確認する.
- 各要員が a) ～ d) の事項を理解しているかを確認する.

### 7.4　コミュニケーション

#### 7.4.1　一般

- a) ～ d) を含めた，EMS に関連する外部・内部のコミュニケーションプロセスを確立し，実施し，維持しているかを確認する.
- コミュニケーションプロセスには，順守義務に関すること，伝達される環境情報と，EMS で作成される情報とが整合し，信頼性があることの仕組みがあるかを確認する.
- EMS に関連する外部・内部のコミュニケーションに対応しているかを確認する.
- コミュニケーションの証拠が必要と決めたものについて記録を作成し，管理しているかを確認する.

#### 7.4.2　内部コミュニケーション

- a) 及び b) がどのような方法で行われているかを確認する.

#### 7.4.3　外部コミュニケーション

- 外部の利害関係者とどのような方法でコミュニケーションを行っているかを確認する.

## 7.5　文書化した情報

### 7.5.1　一般

・ISO 14001 で要求されている文書と記録を作成しているかを確認する．

・EMS の有効性のために必要であると組織が決定した，文書や記録を作成しているかを確認する．

・標準化の体系を確認する．

### 7.5.2　作成及び更新

・文書の形態の仕組みを確認する．

・文書や記録が，引用している ISO 規格・JIS，法令規制要求事項などと整合しているか，文書や記録内で整合しているか，他の関連する文書や記録と整合しているか，文書や記録の内容が必要十分かについてどのような方法でレビューしているかを確認し，決めたとおりに承認しているかを確認する．

### 7.5.3　文書化した情報の管理

・文書管理の手順で，決めたとおりに文書と記録の管理を実施しているかを確認する．

・EMS の計画及び運用のために組織が必要と決定した外部からの文書化した情報（例:JIS･ISO，法令，顧客の仕様書）は，必要に応じて，識別し，管理しているかを確認する．

## 8　運用

## 8.1　運用の計画及び管理

・6.1 及び 6.2 で特定した取組みを実施するために必要なプロセスの確立，実施，管理，維持をしているかを確認する．

・以下の事項を確認する．
　プロセスに関する運用基準の設定
　その運用基準に従った，プロセスの管理の実施

・計画した変更の管理，意図しない変更によって生じた結果のレビュー，必

要に応じて，有害な影響を軽減する処置を実施しているかを確認する.

・外部委託したプロセスの管理を決めたとおりに実施しているかを確認する.
・ライフサイクルを明確にしているかを確認し，a) ～ d) の事項を実施しているかを確認する.
・関連する文書を作成し，管理しているかを確認する.

### 8.2　緊急事態への準備及び対応

・6.1.1 で特定した潜在的な緊急事態への準備及び対応方法についてのプロセスを確立し，実施し，維持する.
・上記に関する文書が作成され，管理されているかを確認する.
・a) ～ f) の事項を実施しているかを確認する.
・上記に関する文書を作成し，管理しているかを確認する.

## 9　パフォーマンス評価

### 9.1　監視，測定，分析及び評価

#### 9.1.1　一般

・環境パフォーマンスを確認する.
・環境パフォーマンスについて b) ～ e) が明確になっているかを確認する.
・測定機器の校正管理が行われているかを確認する.
・有効性評価をどのような方法で明確にしているかを確認する.
・コミュニケーションでは，どのような情報を提供しているかを確認する.
・パフォーマンスに関する記録を確認する.

#### 9.1.2　順守

・順守義務を満たしていることを評価するためのプロセスを確立し，実施し，維持しているかを確認する.
・a) ～ c) を行っているかを確認する.
・順守評価の結果に関する記録を確認する.

## 9.2　内部監査

### 9.2.1　一般

・内部監査を計画どおりに実施しているかを確認する.
・EMSの活動状況に関する適合性及び有効性について内部監査を実施しているかを確認する.
・内部監査プログラムの確立，実施，維持を行っているかを確認する.
・内部監査プログラムを確立する際には，関連するプロセスの環境上の重要性，組織に影響を及ぼす変更及び前回までの監査の結果をどのように考慮しているかを確認する.
・a)～c)の事項を行っているかを確認する.

### 9.2.2　内部監査プログラム

・関連するプロセスの重要性，組織に影響を及ぼす変更，前回までの監査の結果をどのように考えて内部監査プログラムを策定しているかを確認する.

## 9.3　マネジメントレビュー

・マネジメントレビューが決めたとおりに実施されているかを確認する.
・マネジメントレビューでa)～g)のインプット情報の分析が行われて，必要なものがインプットされているかを確認する.
・各事項に関する決定・処置を実施しているかを確認する.
・マネジメントレビューに関する記録を確認する.

# 10　改善

## 10.1　一般

・どのような改善を実施しているかを確認する.

## 10.2　不適合及び是正処置

・不適合の定義を確認する.

・決めたとおりに是正処置を実施しているかを確認する.
・不適合の原因を明確にしているかを確認する.
・類似の不適合の発生状況, 発生の可能性（水平展開など）を検討しているかを確認する.
・どのような方法で是正処置の有効性をレビューしているかを確認する.
・必要な場合には, EMSの変更を行っているかを確認する.
・是正処置は, 検出された不適合のもつ影響に応じたものになっているかを確認する.
・是正処置に関する記録を確認する.

**10.3　継続的改善**

・EMSの適切性（EMSが, 組織, 並びに組織の運用, 文化及び事業システムにどのように合っているか）, 妥当性（EMSが, 十分なレベルで実施されているかどうか）, 有効性（EMSが, 意図した成果を達成しているかどうか）を継続的に改善しているかを確認する.

### 4.1.3　ISO/IEC 27001の内部監査の視点（以下, 規格の箇条番号に対応）

**4　組織の状況**

**4.1　組織及びその状況の理解**

・組織の目的（例：経営理念, 経営方針, 戦略）に関連する外部・内部の課題をどのような方法で明確にしているかを経営計画や年度事業計画などで確認する.
・ISMSの意図した成果（ISMSの運営管理の目的）を達成するために現在保有している技術, 設備, 人, 知識, 情報などに関係する能力に影響を与える外部・内部の課題をどのような方法で明確にしているかを年度事業計画などで確認する.

### 4.2　利害関係者のニーズ及び期待

・各部門において，ISMSの運営管理に影響を与える，並びに運営管理の影響を受ける，運営管理の影響を受けると考えている利害関係者をどのような方法で明確にしているかを確認する．

・それらの利害関係者のISMSに関する要求事項をどのような方法で明確にしているかを確認する．

### 4.3　情報セキュリティマネジメントシステムの適用範囲の決定

・適用範囲は，4.1の外部・内部の課題，4.2の要求事項，及び会社の事業活動と適用範囲外の組織（供給者，他部門など）の事業活動で行われる情報のやりとりと依存関係をどのように考えて決定しているかを確認する．

・適用範囲をどの文書に記載しているかを確認する．

### 4.4　情報セキュリティマネジメントシステム

・ISMSに関する手順が構築され，そのとおり実施し，必要な場合には変更管理が行われ，ISMSに関するパフォーマンスを改善するための活動が繰り返し行われているかを確認する．

## 5　リーダーシップ

### 5.1　リーダーシップ及びコミットメント

・トップマネジメントが，マネジメントレビュー（例：経営会議，月次会議）などでどのような発言・指示を実施しているかを確認する．

・a）中期計画や戦略をもとに情報セキュリティ方針と情報セキュリティ目的を設定しているかの手順を確認する．

・b）事業活動とISMS要求事項を一体化するという指示をどのように実施しているかを確認する．

・c）ISMSの運営管理にどのような資源が必要で，それをどのように提供しているかを事業計画などで確認する．

・d）情報セキュリティマネジメントに関する手順と ISMS 要求事項どおりに業務を行うことが大切であるということをどのような方法で組織内の要員に伝えているかを確認する．
・e）ISMS の目的を達成するためにどのような方法で行っているかを確認する．
・f）ISMS の有効性に寄与するよう人々に参加させ，指揮，支援しているかをどのような方法（例：教育訓練，業務上の役割の明確化）で行っているかを確認する．
・g）管理層が ISMS についてリーダーシップを果たせるように，どのような方法で支援しているかを確認する．

### 5.2　方針

・情報セキュリティ方針は，組織の目的とつながっているかを確認する．
・情報セキュリティ方針に，情報セキュリティ目的，又はその設定のための方法又は考え方が含まれているかを確認する．
・情報セキュリティ方針に，要求事項を満たすことへの意思表示が含まれているかを確認する．
・情報セキュリティ方針に，ISMS の継続的改善への意思表示が含まれているかを確認する．
・情報セキュリティ方針は，どの文書で記載されているかを確認する．
・情報セキュリティ方針を組織内にどのような方法で伝達しているかを確認する．
・4.2 で明確にした利害関係者が情報セキュリティ方針をどのような方法で入手できる状態（例：HP，紙媒体）になっているかを確認する．

### 5.3　組織の役割，責任及び権限

・関連規程で責任・権限を確認する．
・a) ～ b) の責任・権限を持っている人は誰なのか，それをどのような方法

で実施しているかを確認する.

## 6　計画

### 6.1　リスク及び機会に対処する活動

#### 6.1.1　一般

・4.1で明確にした課題と4.2で明確にした要求事項をインプットとして, ISMSに関する年度計画を策定しているかを確認する.

・a)～c)に対処するための活動を明確にし, それに対処するリスクと機会をどのような方法で決定しているかを確認する.

・d) a)～c)を行うために必要なリスク及び機会に対処する活動計画（リスクの選択肢）を策定しているかを確認する.

・e) 以下の事項に関する計画を策定しているかを確認する.

　活動を実施するプロセスとその実施項目

　活動の有効性の評価（例：実施項目の進捗率, パフォーマンス指標）

#### 6.1.2　情報セキュリティリスクアセスメント

・情報セキュリティリスクアセスメントを行うためのプロセス（例：情報セキュリティアセスメント管理規程）には何があるかを確認する.

・このプロセスにはa)～b)に示す事項が規定されているかを確認する.

・c) 次によって情報セキュリティリスクを特定する仕組みになっているかを確認する.

　1) 情報資産について機密性, 完全性及び可用性についてリスクを特定する仕組みになっているかを確認する.

　2) これらのリスク所有者が特定される仕組みになっていているかを確認する.

・d) 次によって情報セキュリティリスクを分析する仕組みになっているかを確認する.

　1) 6.1.2 c) 1)で特定されたリスクが実際に生じた場合に起こり得る結果（例：影響度）についてアセスメントを行う仕組みになっているかを

確認する．

2）6.1.2 c) 1) で特定されたリスクの現実的な起こりやすさ（例：発生頻度）についてアセスメントを行う仕組みになっているかを確認する．

3）リスクレベルを決定する仕組みになっているかを確認する．

・e）次によって情報セキュリティリスクを評価する仕組みになっているかを確認する．

1）リスク分析の結果と 6.1.2 a) で確立したリスク基準とを比較する仕組みなっているかを確認する．

2）リスク対応のために，分析したリスクの優先順位付けを行う仕組みになっているかを確認する．

・情報セキュリティリスクアセスメントのプロセスについての記録は明確になっているかを確認する．

### 6.1.3　情報セキュリティリスク対応

・a) ～ f) を行うために，情報セキュリティリスク対応のプロセスを定め，適用する仕組みになっているかを確認する．

・情報セキュリティリスク対応のプロセスについての記録を作成する仕組みになっているかを確認する．

・この規格の情報セキュリティリスクアセスメント及びリスク対応のプロセスは，JIS Q 31000[5] に規定する原則及び一般的な指針と整合しているかを確認する．

## 6.2　情報セキュリティ目的及びそれを達成するための計画策定

・情報セキュリティ目的は，決めたとおりに部門や階層に展開しているかを確認する．

・a）情報セキュリティ目的を達成することで情報セキュリティ方針が満たされるかを確認する．

・b）情報セキュリティ目的は，パフォーマンス指標として設定しているかを確認する．

・c）情報セキュリティ目的は，適用している要求事項，並びにリスクアセスメントとリスク対応の結果を考えて設定しているかを確認する．
・d）情報セキュリティ目的を関係者に伝達しているかを確認する．
・e）情報セキュリティ目的を更新すると決めた場合にはそれを変更しているかを確認する．
・情報セキュリティ目的を達成するために，f) ～ j) の事項を決めているかを確認する．

## 7　支援

### 7.1　資源

・ISMS の確立，実施，維持，継続的改善に必要な資源の決定と提供を決めたとおりに実施しているかを各部門で確認する．

### 7.2　力量

・要員に必要な知識と技能をどのような方法で明確にしているかを確認する．
・要員の現状の知識と技能をどのような方法で把握しているかを確認する．
・不足している知識と技能に対してとった処置の有効性の評価をどのような方法で実施しているかを確認する．
・知識と技能の記録を作成し，管理しているかを確認する．

### 7.3　認識

・a) ～ d) の事項について，要員が認識を持てるようにするためにどのような方法をとっているかを確認する．
・各要員が a) ～ d) の事項を理解しているかを確認する．

### 7.4　コミュニケーション

・ISMS に関連する内部・外部のコミュニケーションには何があるかを確認

し，a) ～ e) の事項を決めているかを確認する．

### 7.5　文書化した情報

#### 7.5.1　一般

・ISO/IEC 27001 で要求されている文書と記録を作成しているかを確認する．

・ISMS の有効性のために必要であると組織が決定した，文書や記録を作成しているかを確認する．

・標準化の体系を確認する．

#### 7.5.2　作成及び更新

・文書の形態の仕組みを確認する．

・文書や記録が，引用している ISO 規格・JIS，法令規制要求事項などと整合しているか，文書や記録内で整合しているか，他の関連する文書や記録と整合しているか，文書や記録の内容が必要十分かについてどのような方法でレビューしているかを確認し，決めたとおりに承認しているかを確認する．

#### 7.5.3　文書化した情報の管理

・文書化した情報の管理にあたって，文書管理の仕組みに従って，a) ～ f) の事項を実施しているかを確認する．

・ISMS の計画及び運用のために組織が必要と決定した外部からの文書化した情報（例:JIS･ISO，法令，顧客の仕様書）は，必要に応じて，識別し，管理しているかを確認する．

## 8　運用

### 8.1　運用の計画及び管理

・6.1 で決定した活動を実施するために必要なプロセスを計画し，実施し，かつ管理しているかを確認する．

・6.2 で決定した情報セキュリティ目的を達成するための計画を実施してい

るかを確認する.

・プロセスの実施結果の記録を決めたとおりに作成しているかを確認する.

・計画に変更があった場合には，変更管理が行われているかを確認する.

・意図しない変更があった場合には，それによって生じた結果をレビューし，必要に応じて，有害な影響を軽減する処置をとっているかを確認する.

・外部委託したプロセスが決定され，管理されているかを確認する.

### 8.2　情報セキュリティリスクアセスメント

・あらかじめ定めた間隔で，又は重大な変更が提案されたか若しくは重大な変化が生じた場合に，6.1.2 a) で確立した基準を考慮して，情報セキュリティリスクアセスメントを実施しているかを確認する.

・情報セキュリティリスクアセスメント結果の記録を作成しているかを確認する.

### 8.3　情報セキュリティリスク対応

・情報セキュリティリスク対応計画どおりに実施しているかを確認する.

・情報セキュリティリスク対応結果の記録を作成しているかを確認する.

## 9　パフォーマンス評価

### 9.1　監視，測定，分析及び評価

・情報セキュリティパフォーマンス及び ISMS の有効性を評価しているか（例：経営会議，月次管理）を確認する.

・a) ～ f) の事項を決めているかを確認する.

・監視及び測定の結果の記録を確認する.

### 9.2　内部監査

・内部監査を計画どおりに実施しているかを確認する.

・ISMS の活動状況に関する適合性及び有効性について内部監査を実施して

いるかを確認する.

・c) ～ g) の事項を行っているかを確認する.

**9.3　マネジメントレビュー**

・ISMS のレビューの目的を確認する.

・トップマネジメントが計画した時期に ISMS のレビューを実施しているかを確認する.

・a) ～ f) の事項が必要なときにインプットされているかを確認する.

・マネジメントレビューの記録には，継続的改善の機会，及び ISMS のあらゆる変更の必要性に関する決定が含まれているかを確認する.

・マネジメントレビューの結果について，記録を作成しているかを確認する.

**10　改善**

**10.1　不適合及び是正処置**

・不適合の定義を確認する.

・決めたとおりに是正処置を実施しているかを確認する.

・不適合の分析（なぜなぜ分析など）を実施し，原因を明確にしているかを確認する.

・類似の不適合の発生状況，発生の可能性（水平展開など）を検討しているかを確認する.

・どのような方法で是正処置の有効性をレビューしているかを確認する.

・必要な場合には，ISMS の変更を行っているかを確認する.

・是正処置は，検出された不適合のもつ影響に応じたものになっているかを確認する.

・是正処置に関する記録を確認する.

**10.2　継続的改善**

・ISMS の適切性（ISMS が，組織，並びに組織の運用，文化及び事業システムにどのように合っているか），妥当性（ISMS が，十分なレベルで実施されているかどうか)，有効性（ISMSが，意図した成果を達成しているかどうか）を継続的に改善しているかを確認する.

### 4.1.4 ISO 45001 の内部監査の視点（以下，規格の箇条番号に対応）

#### 4 組織の状況

#### 4.1 組織及びその状況の理解

・組織の目的（例：経営理念，経営方針，戦略）に関連する外部・内部の課題をどのような方法で明確にしているかを経営計画や年度事業計画などで確認する.

#### 4.2 働く人及びその他の利害関係者のニーズ及び期待の理解

・各部門において，OHSMS運営管理に影響を与える，運営管理の影響を受ける，運営管理の影響を受けると考えている利害関係者をどのように決定したかを確認する.

・それらの利害関係者の要求事項（社員や協力会社はニーズ・期待になることがある）をどのように決定したかを確認する.

・それらの要求事項のうち，組織の法的要求事項及びその他の要求事項，又は要求事項になる可能性のあるものが決定されているかを確認する.

#### 4.3 労働安全衛生マネジメントシステムの適用範囲の決定

・適用範囲は，4.1の外部・内部の課題，4.2の要求事項，及び労働に関連する計画又は実行した活動をどのように考えて決定したかを確認する.

・OHSMSは，組織の管理下又は影響下にあり，組織の労働安全衛生パフォーマンスに影響を与え得る活動，製品及びサービスを含んでいるかを確認する.

・適用範囲をどの文書に記載しているかを確認する.

### 4.4 労働安全衛生マネジメントシステム

・OHSMSに関する手順が構築され，そのとおりに実施し，必要な場合には変更管理が行われ，OHSMSに関するパフォーマンスを改善するための活動が繰り返し行われているかを確認する．

## 5 リーダーシップ及び働く人の参加

### 5.1 リーダーシップ及びコミットメント

・a) トップマネジメントが，マネジメントレビュー（経営会議など）などでどのような発言・指示を実施しているかを確認する．

・b) 組織の戦略的方向性に従って，労働安全衛生方針及び関連する労働安全衛生目標をどのような方法で確立しているかを確認する．

・c) どのような方法で実施しているかを確認する．

・d) どのような方法になっているかを確認する．

・e) どのような方法で伝達しているかを確認する．

・f) どのような方法で行っているかを確認する．

・g) どのような方法で，OHSMSの有効性に寄与するよう人々を指揮，支援しているかを確認する．

・h) どのような方法で行っているかを確認する．

・i) 管理層への役割の支援をどのような方法で実施しているかを確認する．

・j) どのような方法で，組織内で形成し，主導し，推進しているかを確認する．

・k) どのような方法で報復から擁護しているかを確認する．

・l) どのような方法で組織が働く人の協議及び参加のプロセスを確立し，実施しているかを確認する．

・m) どのような方法で安全衛生に関する委員会の設置及び委員会が機能することを支援しているかを確認する．

### 5.2 労働安全衛生方針

・a) 労働安全衛生方針は，安全で健康的な労働条件を提供するコミットメントが含まれており，組織の目的とつながっているか，また，労働安全衛生リスク及び労働安全衛生機会の固有の性質と整合しているかを確認する．

・b) 労働安全衛生方針に，労働安全衛生目標の設定のための方法又は考え方が含まれているかを確認する．

・c) 労働安全衛生方針に，法的要求事項及びその他の要求事項を満たすことへの意思表示が含まれているかを確認する．

・d) 労働安全衛生方針に危険源を除去し，労働安全衛生リスクを低減する意思表示が含まれているかを確認する．

・e) 労働安全衛生方針にOHSMSの継続的改善への意思表示が含まれているかを確認する．

・f) 労働安全衛生方針に働く人及び働く人の代表（いる場合）の協議及び参加への意思表示が含まれているかを確認する．

・労働安全衛生方針は，どの文書で記載されているかを確認する．

・労働安全衛生方針を組織内にどのような方法（例：労働安全衛生マニュアル，社内LAN，社内広報）で伝達しているかを確認する．

・4.2で明確にした利害関係者が労働安全衛生方針をどのような方法で入手できる状態（例：HP，紙媒体）になっているかを確認する．

・労働安全衛生方針は，必要なものが含まれ，組織の活動と整合しているかを確認する．

### 5.3 組織の役割，責任及び権限

・関連規程で責任・権限を確認する．

・a) 及びb) について誰に責任・権限を割り当てているかを確認し，そのとおり実施されているかを確認する．

### 5.4　働く人の協議及び参加

・適用可能な全ての階層及び部門の働く人及び働く人の代表（いる場合）との協議及び参加のためのプロセスを確立し，実施し，維持しているかを確認する.

・a) 協議及び参加のための仕組み，時間，教育訓練及び資源を提供しているかを確認する.

・b)OHSMS に関する明確で理解しやすい，関連情報を適宜利用できるようになっているかを確認する.

・c) 参加の障害又は障壁を決定して取り除き，取り除けない障害又は障壁を最小化しているかを確認する.

・d)1) ～ 9) に対する非管理職との協議に重点を置いているかを確認する.

・e)1) ～ 7) に対する非管理職の参加に重点を置いているかを確認する.

## 6　計画

### 6.1　リスク及び機会への取組み

#### 6.1.1　一般

・4.1 で明確にした課題，4.2 で明確にした要求事項，及び適用範囲をインプットとして，OHSMS に関する年度計画を策定しているかを確認する.

・a) ～ c) に対処するための活動を明確にし，それに対処するリスクと機会をどのような方法で決定しているかを確認する.

・次の事項（ビュレット）を考慮して，取り組む必要のある OHSMS 並びにその意図した成果に対するリスク及び機会をどのような方法で決定しているかを確認する.

・計画プロセスにおいて，組織，組織のプロセス又は OHSMS の変更に付随して，OHSMS の意図した成果にかかわるリスク及び機会をどのような方法で決定し，評価しているかを確認する.

・計画的な変更の場合は，変更を実施する前にこの評価を行っているかを確認する.

・次の事項（ビュレット）に関してどのような文書に作成しているかを確認する.

### 6.1.2　危険源の特定並びにリスク及び機会の評価

#### 6.1.2.1　危険源の特定

・危険源を現状において及び先取りして特定するためのプロセスを確立し，実施し，維持しているかを確認する.

・プロセスは，a) ～ h) を考慮して構築しているかを確認する.

#### 6.1.2.2　労働安全衛生リスク及び労働安全衛生マネジメントシステムに対するその他のリスクの評価

・a) 及び b) を行うためのプロセスを確立し，実施し，維持しているかを確認する.

・労働安全衛生リスクの評価の方法及び基準は，労働安全衛生リスクの範囲，性質及び時期の観点に基づいて決定しているかを確認する.

・労働安全衛生リスクの評価の方法及び基準をどのような文書で設定しているかを確認する.

#### 6.1.2.3　労働安全衛生機会及び労働安全衛生マネジメントシステムに対するその他の機会の評価

・a) 及び b) を評価するためのプロセスを確立し，実施し，かつ，維持しているかを確認する.

### 6.1.3　法的要求事項及びその他の要求事項の決定

・a) ～ c) を行うためのプロセスを確立し，実施し，かつ，維持しているかを確認する.

・法的要求事項及びその他の要求事項に関する文書化した情報を維持し，保持し，全ての変更を反映して最新の状態にしておくことを確実にしているかを確認する.

### 6.1.4　取組みの計画策定

・a) に関する取組みの計画を確認する.

・a) の取組みをどのような方法で行う計画になっているかを確認する.

・取組みの実施を計画する際に，管理策の優先順位（8.1.2 参照）及び労働安全衛生マネジメントシステムからのアウトプットを考慮しているかを確認する．

・取組みを計画するときに，成功事例，技術上の選択肢，並びに財務上，運用上及び事業上の要求事項を考慮しているかを確認する．

## 6.2　労働安全衛生目標及びそれを達成するための計画策定

### 6.2.1　労働安全衛生目標

・労働安全衛生目標は，決めたとおりに展開しているかを確認する．

・a) 労働安全衛生目標を達成することで労働安全衛生方針が満たされるかを確認する．

・b) 労働安全衛生目標をパフォーマンス指標として設定しているかを確認する．

・c) 労働安全衛生目標は，1) ～ 3) を考慮して決めているかを確認する．

・d) 労働安全衛生目標の達成状況をモニタリングしているかを確認する．

・e) 労働安全衛生目標を関係者に伝達しているかを確認する．

・f) 労働安全衛生目標の達成状況に応じて更新しているかを確認する．

### 6.2.2　労働安全衛生目標を達成するための計画策定

・労働安全衛生目標を達成するために，a) ～ f) の事項を決めているかを確認する．

・労働安全衛生目標及びそれらを達成するための計画に関する文書化した情報を維持し，保持しているかを確認する．

## 7　支援

### 7.1　資源

労働安全衛生マネジメントシステムの確立，実施，維持及び継続的改善に必要な資源を決定し，提供しているかを確認する．

### 7.2 力量

・要員に必要な知識と技能をどのような方法で明確にしているかを確認する．
・要員の現状の知識と技能をどのような方法で把握しているかを確認する．
・不足している知識と技能に対してとった処置の有効性の評価をどのような方法で実施しているかを確認する．
・知識と技能の記録を作成し，管理しているかを確認する．

### 7.3 認識

・a)～d) の事項について，要員が認識を持てるようにするためにどのような方法をとっているかを確認する．
・各要員が a)～d) の事項を理解しているかを確認する．

### 7.4 コミュニケーション

#### 7.4.1 一般

・a)～d) を含めた，OHSMS に関連する外部・内部のコミュニケーションプロセスを確立し，実施し，維持しているかを確認する．
・コミュニケーションの必要性を検討するにあたって，多様性の側面（例えば，性別，言語，文化，識字，心身の障害）を考慮しているかを確認する．
・コミュニケーションのプロセスを確立するにあたって，関係する外部の利害関係者の見解を考慮しているかを確認する．
・コミュニケーションのプロセスを確立するとき，次の事項を行っているかを確認する．
－ 法的要求事項及びその他の要求事項を考慮に入れる．
－ コミュニケーションする労働安全衛生情報が，労働安全衛生マネジメントシステムにおいて作成する情報と整合し，信頼性があることを確実にする．
・OHSMS について関連するコミュニケーションに対応しているかを確認する．

・コミュニケーションの証拠として必要と判断した記録を作成しているかを確認する.

#### 7.4.2　内部コミュニケーション

・a) 及び b) がどのような方法で行われているかを確認する.

#### 7.4.3　外部コミュニケーション

・外部の利害関係者とどのような方法でコミュニケーションを行っているかを確認する.

### 7.5　文書化した情報

#### 7.5.1　一般

・ISO 45001 で要求されている文書と記録を作成しているかを確認する.

・OHSMS の有効性のために必要であると組織が決定した，文書や記録を作成しているかを確認する.

・標準化の体系を確認する.

#### 7.5.2　作成及び更新

・文書の形態の仕組みを確認する.

・文書や記録が，引用している ISO 規格・JIS，法令規制要求事項などと整合しているか，文書や記録内で整合しているか，他の関連する文書や記録と整合しているか，文書や記録の内容が必要十分かについてどのような方法でレビューしているかを確認し，決めたとおりに承認しているかを確認する.

#### 7.5.3　文書化した情報の管理

・OHSMS の計画及び運用のために組織が必要と決定した外部からの文書化した情報（例：JIS・ISO，法令，顧客の仕様書）は，必要に応じて，特定し，管理しているかを確認する.

・文書化した情報の管理にあたって，文書管理の仕組みに従って，a) ～ b) 及びビュレットに関する事項を実施しているかを確認する.

# 8　運用

## 8.1　運用の計画及び管理

### 8.1.1　一般

・箇条6で決めた取組みのためのプロセス管理を確認する.

・労働安全衛生計画書などを確認する.

・これらの計画の変更管理を確認する.

・複数の事業者が混在する職場では，OHSMSの関係する部分を他の組織と調整しているかを確認する.

### 8.1.2　危険源の除去及び労働安全衛生リスクの低減

・a)～e)の管理策の優先順位によって，危険源の除去及び労働安全衛生リスクを低減するためのプロセスを確立し，実施し，維持しているかを確認する.

### 8.1.3　変更の管理

・a)～d)を含む，労働安全衛生パフォーマンスに影響を及ぼす，計画的，暫定的及び永続的変更の実施並びに管理のためのプロセスを確立しているかを確認する.

・思いがけない変更で問題が生じた場合には処置をとっているかを確認する.

### 8.1.4　調達

#### 8.1.4.1　一般

・製品及びサービスの調達を管理するプロセスを確立し，実施し，かつ，維持しているかを確認する.

#### 8.1.4.2　請負者

・a)～c)に起因する，危険源を特定し，労働安全衛生リスクを評価し，管理するために調達プロセスを請負者と調整しているかを確認する.

・請負者及びその働く人が，組織のOHSMS要求事項を満たすための仕組みを確認する.

・調達プロセスでは，請負者選定に関する労働安全衛生基準を定めて適用しているかを確認する.

#### 8.1.4.3　外部委託

・外部委託した機能及びプロセスをどのようにして管理しているかを確認する.

・外部委託の取決めをどのような方法で法的要求事項及びその他の要求事項に整合させているか，並びにその取決めが OHSMS の意図した成果の達成に適切であることを確認する.

・これらの機能及びプロセスに適用する管理の方式及び程度を OHSMS の中で定めているかを確認する.

### 8.2　緊急事態への準備及び対応

・a) ～ g) を含め，6.1.2.1 で特定した起こり得る緊急事態への準備及び対応のために必要なプロセスを確立し，実施し，維持しているかを確認する.

・起こり得る緊急事態に対応するためのプロセス及び計画に関する文書化した情報を維持し，保持しているかを確認する.

## 9　パフォーマンス評価

### 9.1　モニタリング，測定，分析及びパフォーマンス評価

#### 9.1.1　一般

・モニタリング，測定，分析及びパフォーマンス評価のためのプロセスを確立し，実施し，かつ，維持しているかを確認する.

・a) ～ e) を決定しているかを確認する.

・労働安全衛生パフォーマンスを評価し，OHSMS の有効性を判断しているかを確認する.

・モニタリング及び測定機器が，該当する場合に必ず校正又は検証し，必要に応じて，使用し，維持しているかを確認する.

・次の事項のための記録を確認する.

− モニタリング，測定，分析及びパフォーマンス評価の結果の証拠

－ 測定機器の保守，校正又は検証の記録

### 9.1.2　順守評価

・法的要求事項及びその他の要求事項の順守を評価するためのプロセスを確立し，実施し，維持しているかを確認する（6.1.3 参照）．

・a) ～ d) を行っているかを確認する．

## 9.2　内部監査

### 9.2.1　一般

・内部監査を計画どおりに実施しているかを確認する．

・OHSMS の活動状況に関する適合性及び有効性について内部監査を実施しているかを確認する．

### 9.1.2　内部監査プログラム

・a) ～ f) の事項を行っているかを確認する．

## 9.3　マネジメントレビュー

・マネジメントレビューが決めたとおりに実施されているかを確認する．

・マネジメントレビューで a) ～ g) のインプット情報の分析が行われて，必要なものがインプットされているかを確認する．

・各事項（ビュレット）に関係することについて決定しているかを確認する．

・トップマネジメントは，マネジメントレビューの関連するアウトプットを，働く人及び働く人の代表（いる場合）に伝達しているかを確認する．

・マネジメントレビューに関する記録を確認する．

# 10　改善

## 10.1　一般

・改善の機会を決定し，どのような改善を実施しているかを確認する．

### 10.2　インシデント，不適合及び是正処置

・インシデント，不適合の定義を確認する．
・決めたとおりに是正処置を実施しているかを確認する．
・不適合の原因を明確にしているかを確認する．
・類似の不適合の発生状況，発生の可能性（水平展開など）を検討しているかを確認する．
・どのような方法で是正処置の有効性をレビューしているかを確認する．
・必要な場合には，OHSMS の変更を行っているかを確認する．
・是正処置は，検出されたインシデント又は不適合のもつ影響に応じたものになっているかを確認する．
・是正処置に関する記録を確認する．
・記録を関係する働く人及び働く人の代表（いる場合）並びにその他の関係する利害関係者に伝達しているかを確認する．

### 10.3　継続的改善

・a) ～ e) によって，OHSMS の適切性（OHSMS が，組織，並びに組織の運用，文化及び事業システムにどのように合っているか），妥当性（OHSMS が，十分なレベルで実施されているかどうか），有効性（OHSMS が，意図した成果を達成して いるかどうか）を継続的に改善しているかを確認する．

## 4.2　統合 MS の内部監査の視点

統合 MS では，プロセスを監査する際に統合している MS について同時に監査する必要がある．このため，監査対象のタートル図を作成して関連する MS の要素について監査をすることが大切である．その際には MS の要素が監査対象のプロセスに与える影響の程度を考慮して監査を行うことが効果的である．

タートル図では，プロセス名，プロセスへのインプット，プロセスに必要なリソース，プロセスの活動に必要な力量，プロセスの手順，プロセスの判断基準，及びプロセスからのアウトプットを明確にする．

統合MSでは各MSで共通的なプロセスと各MSの活動を複合的に実施しているプロセス（第6章Q8参照）とがあるので，これらを考慮してタートル図を作成することが大切である．共通的なプロセスとして教育訓練プロセスの例を図4.1に示す．これに基づいて，監査を行う．この場合には，例えば，品質，環境，情報セキュリティ，労働安全衛生にかかわる教育訓練の活動について監査することになる．

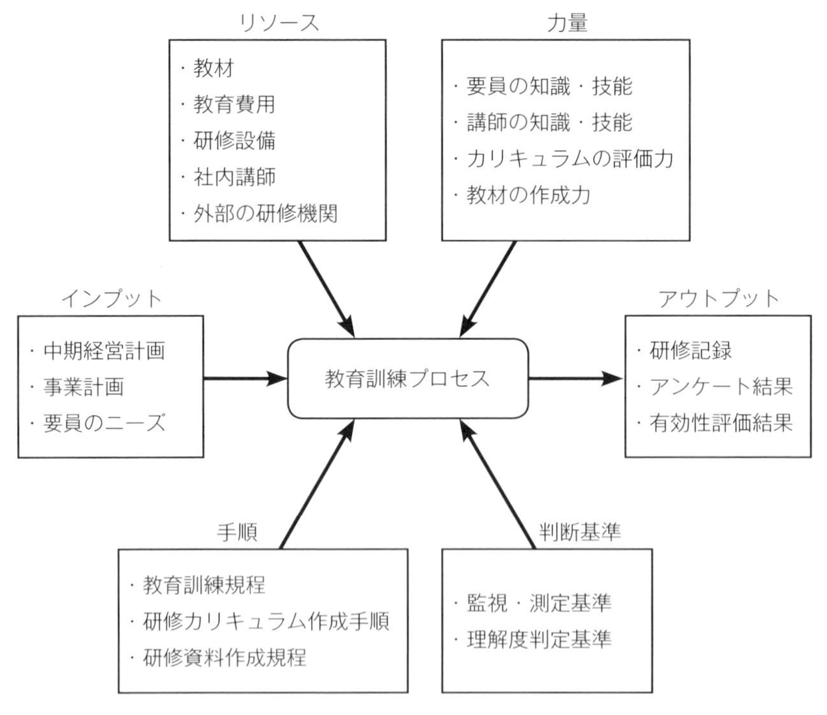


**図4.1** 教育訓練プロセスのタートル図

## 4.3　第二者監査の視点

第二者監査では，購買契約書や品質保証確約書などで取り決めた要求事項に従って MS を運営管理しているかを確認するとともに，パフォーマンス改善のための指摘事項を明確にすることが大切である．監査の視点は内部監査に準じて行うことが基本であるが，これに加えて定量的な評価を加えることが効果的である．

第二者監査の評価項目を表 4.1 に，評価シートの例を表 4.2 に示す．

**表 4.1**　MS の評価項目

| 分類 | 評価項目 |
|---|---|
| ①　リーダーシップ | 1. リーダーシップ及びコミットメント |
| | 2. 責任及び権限 |
| ②　計画 | 3. 経営理念及び中期的な経営戦略 |
| | 4. 経営環境分析 |
| | 5. 経営方針 |
| | 6. 経営計画 |
| ③　支援 | 7. 人的資源 |
| | 8. インフラストラクチャ |
| | 9. 業務環境 |
| | 10. 情報技術・情報セキュリティ管理 |
| | 11. 知的資源 |
| | 12. 監視及び測定の資源 |
| | 13. 在庫管理 |
| | 14. 安全管理 |
| | 15. 環境管理 |
| | 16. 内部コミュニケーション |
| | 17. 外部コミュニケーション |
| | 18. 標準化管理 |
| | 19. 財務管理 |

**表 4.1**（続き）

| 分類 | 評価項目 |
| --- | --- |
| ④ 製品・サービスの企画 | 20. マーケティング |
| | 21. 研究開発 |
| | 22. 製品・サービスの企画 |
| | 23. 顧客とのコミュニケーション |
| | 24. 製品・サービスに関連する要求事項の明確化 |
| | 25. 製品・サービスに関連する要求事項のレビュー，変更 |
| ⑤ 製品・サービスのプロセスの設計開発 | 26. 設計開発の計画及び管理 |
| | 27. 設計開発へのインプット |
| | 28. 設計開発からのアウトプット |
| | 29. 設計開発の変更管理 |
| | 30. 構成管理 |
| ⑥ アウトソース，及び購買製品・サービス | 31. 購買方針及び購買先の評価・選択 |
| | 32. 調達先の管理方法 |
| | 33. 購買情報 |
| | 34. 購買製品・サービスの受入検査・検証 |
| | 35. 供給者の能力改善 |
| ⑦ 製造・サービス提供 | 36. 製造・サービスの計画・提供 |
| | 37. 生産計画 |
| | 38. 製品・サービスの検査・試験 |
| | 39. 識別及びトレーサビリティ |
| | 40. 不適合なアウトプットの管理 |
| | 41. 顧客及び供給者の所有物の管理 |
| | 42. 保存 |
| | 43. 製品・サービスの販売 |
| | 44. 製品・サービスの引渡し及び引渡し後のサポート |
| ⑧ 監視・測定・分析 | 45. プロセス，製品・サービスのパフォーマンスの監視・測定・分析・評価 |
| | 46. 顧客の認識の監視・測定・分析・評価 |
| | 47. その他の利害関係者の認識の監視・測定・分析・評価 |
| | 48. 事業環境の変化の監視・測定・分析 |

**表 4.1**（続き）

| 分類 | 評価項目 |
|---|---|
| ⑨　評価・改善 | 49. 経営パフォーマンスの評価 |
| | 50. 再発防止 |
| | 51. 継続的改善 |

**表 4.2**　評価シート及び評価の例

<table>
<tr><td>評価項目</td><td>38. 製品・サービスの検査・試験</td></tr>
<tr><td colspan="2">評価のねらい：製品・サービスの特性及びコスト，過去の品質実績等を考慮した検査・試験のプロセスを確立し，効果的かつ効率的に運営管理しているかを評価する．</td></tr>
<tr><td colspan="2">[ プロセス評価の視点 ]<br>(1) 次の事項を考慮して，効果的かつ効率的な検査・試験の手順を文書化し，維持しているか．[ 2 ]<br>a) 検査・試験の内容，結果について，検査・試験の重要性の評価，コスト，工程能力が分析され，その結果に基づいて検査・試験の設計を行う．<br>b) 監視及び測定は，個別製品の実現の計画に従って実施する．<br>c) 検査・試験の設計においては次の事項を考慮する．<br>・検査・試験の抜取り数の削減，項目の省略<br>・検査・試験のコストダウン<br>・対環境性，安全性<br>(2) 合否判定基準への適合の証拠を維持しているか．[ 4 ]<br>記録には，製品の次工程への引渡し又は出荷を許可する要員を明記する．<br>(3) 個別製品の実現の計画すべてが完了するまでは，製品の出荷及びサービスの提供を行っていないか．（当該の権限を有する者もしくは顧客が承認したときはこの限りではない）[ 4 ]</td></tr>
<tr><td colspan="2">[ 結果の視点 ]<br>後工程で発見された検査及び試験の起因による問題発生件数，製品・サービスの特性を考慮した検査方式及び試験方式の設定，製品・サービスの特性を考慮した検査項目及び試験項目の設定，検査工数，直間比率</td></tr>
<tr><td colspan="2">評価結果（成熟度判定レベルの根拠を明確にすること）</td></tr>
<tr><td colspan="2">プロセスの強み・弱み（成熟度レベル：3）<br>検査結果についての記録は残しているが，検査の設計を行うという考え方が確立していない．</td></tr>
</table>

| **結果の強み・弱み（成熟度レベル：2）**<br>検査の見逃しによるクレーム件数が年に2回発生している．<br>検査に時間がかかっている． |
|---|

評価シートに記載してある各項目の内容を次に示す．

(1)　**評価項目**

経営システムで必要な機能を示している．

(2)　**評価のねらい**

“評価のねらい”には，診断項目を評価する際の基本的な考え方を記す．

(3)　**[ プロセス評価の視点 ]**

[ プロセス評価の視点 ] には，評価項目を評価する際の個々の要素を示している．評価基準に基づいて [　　] 内に表4.3の1～5のレベルを記入する．

**表4.3**　評価基準

| レベル | 評価の視点における [　] の判定基準 |
|---|---|
| 1 | 手順が決められておらず，実施されていない<br>手順が決まっているが，実施されていない |
| 2 | 手順が決められていないが，実施はされている |
| 3 | 一部の手順が決められており，そのとおり実施されている |
| 4 | 手順が決められて，そのとおり実施されている |
| 5 | 手順が効果的で効率的であり，そのとおり実施されている |

(4)　**[ 結果の視点 ]**

[ 結果の視点 ] には，評価項目の結果を評価する際の監視・測定項目の例を示している．

(5)　**プロセスの強み・弱み（成熟度レベル：　）**

この欄には，[ プロセス評価の視点 ] のレベルを総合的に判断して，事実に基づいて言語データで具体的に記述する．これが成熟度レベルの根拠となる．

成熟度レベルは，表 4.4 の成熟度の判定基準に基づいて 1 〜 4 レベルを記入する．

**(6)　結果の強み・弱み（成熟度レベル：　）**

この欄には，[ 結果の視点 ] の達成度合いを総合的に判断し，事実に基づいて言語データで具体的に記述する．これが成熟度レベルの根拠となる．

成熟度レベルは，表 4.4 の成熟度の評価基準に基づいて 1 〜 4 のレベルを記入する．

**表 4.4**　成熟度の評価基準

| 成熟度レベル | プロセスの強み・弱み | 結果の強み・弱み |
|---|---|---|
| 1 | 手順などはなく，その場限りの対応をしている． | 常に問題が発生しており，意図した結果が得られていない． |
| 2 | 手順の一部しか標準化されておらず，時々手順どおり作業をしていないことがある． | 問題が時々発生している．意図した結果が思った程度には得られていない． |
| 3 | 手順がフローチャートや文書などで標準化され，手順どおりに作業を実施している． | 問題はほとんど発生しておらず，意図した結果が得られている． |
| 4 | 事業環境の変化に対応して，効果的で効率的な手順になるように改善し，手順どおりに作業を実施している | 事業環境が変化しても，問題は発生せず，経営目標を達成している． |

# 第5章　監査プログラムの成熟度レベル評価

監査プログラムの成熟度レベルを向上させるために，監査プログラムの構築及びその実施状況について定期的で体系的な評価を行うことが重要である．

評価にあたっては，監査プログラムによる成果（業務の結果が安定して得られているか，異常が少なくなったか）だけでなく，その成果を出すための活動状況も評価することが必要である．また，人によって評価がばらつかないようにするため，評価基準を明確にする．表 5.1 に評価基準の例を示す．なお，監査の特徴に応じて評価基準を修正して使用するのがよい．

評価は自己評価が基本である．評価を行う場合には，監査の実施状況などの事実を確認し，その結果に基づいて判断する．これにより，監査プログラムのレベルを自覚し，改善目標を設定できる．

評価結果については，強みと弱みを把握し，監査プログラムの改善に役立てるとよい．

**表 5.1**　監査プログラムの成熟度レベルの自己評価の評価基準の例

| 評価項目 | レベル 1 | レベル 2 | レベル 3 | レベル 4 | レベル 5 |
|---|---|---|---|---|---|
| 5.2　監査プログラムの目的の確立 | 目的は決めていない | 目的は決めているが，文書化はしていない | 目的は文書化しているが，MS 要求事項だけを考慮した目的になっている | MS 要求事項と一部の事業活動を考慮した目的になっている | 組織の戦略と整合し，MSの方針・目標を支持しており，必要に応じて見直しをしている |

**表 5.1**（続き）

| 評価項目 | レベル 1 | レベル 2 | レベル 3 | レベル 4 | レベル 5 |
|---|---|---|---|---|---|
| 5.3　監査プログラムのリスク及び機会の決定及び評価 | リスク及び機会は考えていない | ある側面だけのリスク及び機会を決定しているが，評価が行われていない | ある側面のリスク及び機会を決定し，評価している | 監査プログラムの一部を考慮したリスク及び機会を特定し，評価している | 監査プログラムと資源を考慮したリスク及び機会を特定し，評価し，監査依頼者に提示している |
| 5.4　監査プログラムの確立 | 監査プログラムを確立していない | 監査プログラムの確立のために必要な要素が不足している | 監査プログラムの確立のために必要な要素は考慮しているが，不十分である | 監査プログラムの確立に関する要素は明確になっているが，監査プログラムをマネジメントする人の行動が一部不足していることがある | 監査プログラムをマネジメントする人は，事業活動を考慮して監査プログラムの要素に従った行動を行っている |
| 5.5　監査プログラムの実施 | 監査プログラムを実施していない | 監査プログラムの実施のために必要な要素が不足している | 監査プログラムの実施のために必要な要素はあるが，不十分である | 監査プログラムの実施に関する要素は明確になっているが，監査プログラムをマネジメントする人の行動が一部不足していることがある | 監査プログラムをマネジメントする人は，監査プログラムの実施に関する要素に従った行動を行い，問題発生時には適切に対応している |

**表 5.1**（続き）

| 評価項目 | レベル 1 | レベル 2 | レベル 3 | レベル 4 | レベル 5 |
|---|---|---|---|---|---|
| 5.6　監査プログラムの監視 | 監査プログラムを監視していない | 監査プログラムの監視方法を確立しているが，不十分である | 効果的な監査プログラムの監視方法を確立し，文書化しているが，一部実施されていない | 監視方法は，効果的で効率的であり，決められたとおりに実施している | 監視方法をレビューし，継続的に改善している |
| 5.7　監査プログラムのレビュー及び改善 | 監査プログラムのレビュー及び改善を行っていない | 監査プログラムのレビュー及び改善を行う仕組みを構築しているが，不十分である． | 監査プログラムのレビュー及び改善を行う仕組みを構築し，文書化しているが一部実施されていない | 監査プログラムのレビュー及び改善を行う仕組みは効果的で効率的であり，決められたとおりに実施している | 事業環境の変化に伴って監査プログラムを定期的にレビューし，継続的に改善している |
| 6.2　監査の開始 | 監査チームリーダーが被監査者に連絡をしていない | 監査チームリーダーが被監査者へ連絡すべき事項が明確でない | 監査チームリーダーが被監査者へ連絡すべき事項を明確にしているが，監査実施の可能性については検討していない | 監査チームリーダーが被監査者へ連絡すべき事項を明確にし，監査開始の可能性について検討し，決定している | 監査チームリーダーが被監査者との連絡を密に行い，監査開始の可能性について検討し，決定している |

**表 5.1**（続き）

| 評価項目 | レベル1 | レベル2 | レベル3 | レベル4 | レベル5 |
|---|---|---|---|---|---|
| 6.3　監査活動の準備 | 準備をしていない | 監査活動の準備に関する要素に関する手順が明確でない | 監査活動の準備に関する要素を明確にし，文書化しているが，一部実施されていない | 監査活動の準備に関する要素に関する手順が効果的で効率的であり，決められたとおりに実施している | 監査活動の準備に関する要素を継続的に改善している |
| 6.4　監査活動の実施 | 監査活動の手順がない | 監査活動の実施に関する要素に関する手順が明確でない | 監査活動の実施に関する要素を明確にし，文書化しているが，一部実施されていない | 監査活動の実施に関する要素に関する手順が効果的で効率的であり，決められたとおりに実施している | 監査活動の実施に関する要素に関する手順を継続的に改善している |
| 6.5　監査報告書の作成及び配付 | 監査報告書を作成していない | 監査報告書を作成し，配付する手順が明確でない | 監査報告書を作成し，配付する手順を文書化しているが，一部実施されていない | 監査報告書を作成し，配付する手順が効果的で効率的であり，決められたとおりに実施している | 監査報告書を作成し，配付する手順を継続的に改善している |
| 6.6　監査の完了 | 監査完了の定義がない | 監査完了に関する手順が明確でない | 監査完了に関する手順を文書化しているが，一部実施されていない | 監査完了に関する手順が効果的で効率的であり，決められたとおりに実施している | 監査完了に関する手順を継続的に改善している |

**表 5.1**（続き）

| 評価項目 | レベル 1 | レベル 2 | レベル 3 | レベル 4 | レベル 5 |
|---|---|---|---|---|---|
| 6.7 監査のフォローアップの実施 | 監査のフォローアップを行っていない | 監査のフォローアップに関する手順が明確でない | 監査のフォローアップに関する手順を文書化しているが，一部実施されていない | 監査のフォローアップに関する手順が効果的で効率的であり，決められたとおりに実施している | 監査のフォローアップに関する手順を継続的に改善している |
| 7.2 監査員の力量の決定 | 監査員の力量を決めていない | 監査員の力量の決定に関する手順が明確でない | 監査員の力量の決定に関する手順を文書化しているが，一部実施されていない | 監査員の力量の決定に関する手順が効果的で効率的であり，決められたとおりに実施している | 監査の成熟度レベルに合わせて監査員の力量の決定に関する手順を継続的に改善している |
| 7.3 監査員の評価基準の確立 | 監査員の評価基準がない | 監査員の評価基準が明確でない | 監査員の評価基準を文書化しているが，効果的でないものがある | 監査員の評価基準が効果的で効率的であり，決められたとおりに実施している | 監査の成熟度レベルに合わせて監査員の評価基準を継続的に改善している |
| 7.4 監査員の適切な評価方法の選択 | 監査員の評価方法がない | 監査員の評価方法が明確でない | 監査員の評価方法を文書化しているが，効果的でないものがある | 監査員の評価方法が効果的で効率的であり，決められたとおりに実施している | 監査の成熟度レベルに合わせて監査員の評価方法を継続的に改善している |

**表 5.1**（続き）

| 評価項目 | レベル1 | レベル2 | レベル3 | レベル4 | レベル5 |
|---|---|---|---|---|---|
| 7.5　監査員の評価の実施 | 監査員の評価を行っていない | 監査員の評価の実施方法が明確でない | 監査員の評価の実施方法を文書化しているが，効果的でないものがある | 監査員の評価の実施方法が効果的で効率的であり，決められたとおりに実施している | 監査プログラムを考慮して監査員の評価を行ない，問題がある場合には再教育を行っている |
| 7.6　監査員の力量の維持向上 | 監査員の力量の維持向上を考えていない | 監査員の力量の維持向上の方法が明確でない | 監査員の力量の維持向上の方法を文書化しているが，効果的でないものがある | 監査員の力量の維持向上の方法が効果的で効率的であり，決められたとおりに実施している | 監査依頼者の戦略的方向性を考慮して，監査員の力量の維持向上の方法を継続的に改善している |

# 第 6 章　監査に関するＱ＆Ａ

**Q1：内部監査では MS の適用範囲に含まれている部署が被監査者になりますが，社長も監査対象にする必要があるのでしょうか．監査員が直接社長と面談して監査することは難しいと思いますが，いかがでしょうか．**

**A1**：内部監査では被監査者が社長になる場合もあります．しかし，社長を監査するという考え方でなく，社長がどのような役割を果たし，どのような行動をとっているのかを確認することが監査では大切です．このため，トップマネジメント（社長）に関する要求事項を満たすためのプロセスについて適合又は不適合を判定することになります．

例えば，事業計画を検討している場面やマネジメントレビューを行っている場面を監査することで，社長の行動を評価することができますので，必ずしも社長と対面して監査する必要はありません．

ISO 19011 の附属書 A“A.9　リーダーシップ及びコミットメントの監査”を参考にしてください．

**Q2：内部監査は毎年行うと大変だという社内からの意見があります．毎年やらなくてもよい方法があれば教えてください．私は，3 年に 1 回程度でよいと思っています．**

**A2**：事業計画の運営管理の PDCA サイクルは 1 年ですので，年度内で MS の活動状況を評価し，その結果を翌年度の事業計画に反映することが基本的な考え方です．したがって，内部監査は MS の活動状況を評価し，その結果を翌年度の事業計画に反映する必要があるので，毎年実施したほうが効果的です．ただし，被監査者の MS のパフォーマンスに与える影響が少ない部門は，毎年内部監査の対象とするのではなく，例えば，2 年に 1 回行うことも可能です．このような場合には，監査プログラムは２年間で計画することになります．要するにMSのパフォーマンスに与える影響を考慮して，監査計画を策定することが大切です．

**Q3：内部監査員の教育訓練はOFF-JTや社外研修で行っていますが，監査プログラムの目的を満たすための力量を身につけることは難しいと感じています．何か良い方法はないのでしょうか．**

**A3**：内部監査員の教育訓練に限らず，座学では知識は身につきますが，それを使って実際に適用するという技術を獲得することは困難です．このため，OJTを行うことが力量向上に役立ちます．例えば，はんだ作業を行う新人は，はんだの特徴やはんだ作業の実技に関する研修を行います．しかし，この教育研修を受けた人をすぐに作業につけて良い結果が得られるでしょうか．作業につける前にコツなどを主任などが教えるのではないでしょうか．

内部監査員の教育訓練でも同じことが言えます．次の方法で行えば効果を上げることができます．教育訓練対象の監査員候補者は，内部監査員のレベルが一番高い人が質問した内容やどの文書や記録を確認したかについてメモをとります．監査が終わった段階で，内部監査員は，自分が質問した内容について監査員候補者に聞き，監査員候補者の答えに対してコメントします．これを繰り返すことで，監査の勘所を身につけることができますが，少なくともこのような方法で３回程度の監査への参加をすることで力量の向上を図ることができます．

**Q4：内部監査を長年実施していますが，不適合はほとんど検出されていないにもかかわらず，工程内で問題が発生し，クレームも減少していません．このような状況から監査の意味が失われていると思いますので，何か良い方法があれば教えてください．**

**A4**：内部監査の要求事項（共通テキスト）を見てください．次のように書かれています．

“9.2.1 組織は，××マネジメントシステムが次の状況にあるか否かに関する情報を提供するために，あらかじめ定めた間隔で内部監査を実施しなければならない．

a）次の事項に適合している．

1）××マネジメントシステムに関して，組織自体が規定した要求事項

2）この規格の要求事項

b）有効に実施され，維持されている．”

これは，内部監査の目的についての要求事項です．ここで重要なことは，××マネジメントシステムがa)（適合性）及びb)（有効性）の状況にあるか否かに関する情報を提供することが目的であるという点です．この目的に沿った内部監査を実施するには，まず手順どおりに作業を行っているかを確認します．しかし，手順どおり行ったとしてもその手順が効果的でない場合があり，これを検出できなければ手順が改善されず，パフォーマンスの向上にはつながりません．また，MSの目標を達成していなければ，あるプロセスに問題があるという判断をします．そのときにどのプロセスが改善の対象になるのかを検出し，それが改善されることで目標が達成できます．これらの監査の方法が有効性評価ですので，このような監査を心がけてください．きっと良い結果につながると思います．

**Q5：最近，データの改ざんなどの品質不祥事が多発していますが，これを監査で検出することは不可能なのでしょうか．以前，MS監査と製品監査を組み合わせる方法があると聞きましたが，製品監査とはどのような方法でしょうか．**

**A5**：監査の基本的な考え方は，性善説に基づいています．すなわち，決められた手順どおりに行っているという前提条件で監査を行い，その結果，手順どおりに行っていれば適合と判断し，手順どおり行われていなければ不適合と判断します．このため，データを改ざんされると問題点を検出することは難しいです．しかし，監査員がレベルの高い固有技術や管理技術を持っていれば問題点を検出することは可能です．ところが，監査はサンプルで判断しますので，

このような事例に遭遇することはまれでしょう．

このため，製品監査の仕組みを取り入れることでこのような問題を検出することができます．製品監査とは，製品･サービス実現プロセスの中で製品･サービスが要求事項を満たしているかを顧客の立場で確認する活動を行うことです．したがって，次に示す視点で製品監査を行うことが大切です．

・製品が顧客の要求事項を満たしているかどうか

・製品規格が妥当であるか

・規格を満たすように作られているか

製品監査は次の方法で行います．

① 製品監査の目的を明確にします．

② 監査対象の製品・サービスを明確にします．

③ 製品・サービスの固有技術を理解している人を監査員に指名します．

④ 監査員は指示された内容に基づいて，抜打ちで工程内，最終検査後，出荷前の製品からサンプルを抜取り，製品仕様と比較するとともに，その製品の検査データとの照合を行います

⑤ 照合結果のまとめを行います．

⑥ 監査結果は経営者に直接報告します．

このような活動を行うことで，意図した製品･サービスが実現されているか，また，データの改ざんなどの防止に役立ちます．

**Q6：内部監査で監査対象のプロセスでリスクの特定をすることが有効であることはわかりますが，監査員にリスクの特定も必要であると説明してもどのようにすればよいかがわかっていません．リスクの特定に関する方法について教えてください．**

**A6**：リスクの特定を行うための方法には，FMEA（Failure Modes and Effects Analysis，故障モード影響解析）があります．FMEAは製品の設計段階において，市場に出した後の故障を予測するために用いられていた手法ですが，これがプロセスの設計にも活用されています．前者は設計FMEA（Design

FMEA，略して DFMEA），後者はプロセス FMEA（Process FMEA，略して PFMEA）と呼ばれており，設計 FMEA は製品の企画・設計が対象であり，プロセス FMEA はプロセスの計画・設計が対象になります．

このため，監査対象がプロセスである場合には，プロセス FMEA の知識を身につけるとよいでしょう．プロセス FMEA には次に示すものがあります．

(a) 工程 FMEA

プロセス全体を大まかに捉え，どのようなインプットをどのようなアウトプットに変換しているのかという点に着目し，要素プロセスに分解し，起こり得る変換の不具合を列挙する（表 6.1 参照）．

(b) 作業 FMEA

作業を検討の対象とし，要素作業に分解し，起こり得る意図しないエラーや意図的な不遵守を列挙する（表 6.2 参照）．

(c) 設備 FMEA

設備を検討の対象とし，コンポーネント・部品に分解し，起こり得る故障を列挙する（表 6.3 参照）．

これらを実施する際には，次に示す手順で実施すると効果的です．なお，詳細な手順は，JIS Q 9027:2018（マネジメントシステムのパフォーマンス改善－プロセス保証の指針）を参照してください．

手順 1：過去のトラブル収集と不具合モード一覧表の整理

手順 2：対象プロセスの細分化

手順 3：起こり得るトラブルの列挙

手順 4：トラブルの重要度評価

手順 5：対策の立案

手順 6：対策の実施と効果の確認

**表6.1　工程FMEAの例**

| 工程No. | 工程名 | 工程の機能 | 不具合 | 不具合の影響 | 不具合の原因/メカニズム | 管理方法(現状/原案) | 重要度評価 | | | | 対策 | 対策後の重要度評価 | | | |
|---|---|---|---|---|---|---|---|---|---|---|---|---|---|---|---|
| | | | | | | | 発生度 | 影響度 | 検出度 | 重要度スコア | | 発生度 | 影響度 | 検出度 | 重要度スコア |
| 1 | インシュレーション(絶縁材)組付 | インシュレーションとコイルの組付 | インシュレーション欠品 | アース発生 | インシュレーション吸着ミス | 自動欠品チェッカー | 2 | 3 | 1 | 6 | (実施せず) | | | | |
| | | | | | 手作業時の脱落 | 目視チェック | 3 | 3 | 2 | 18 | 検査機による全数耐圧チェック | 3 | 3 | 1 | 9 |
| | | | インシュレーション位置ずれ | アース発生 | インシュレーション吸着力低下 | 目視チェック | 4 | 3 | 2 | 24 | 吸着圧の引上げ，検査機による全数耐圧チェック | 2 | 3 | 1 | 6 |
| | | | インシュレーションかみ込み | アース発生 | インシュレーション吸着力低下 | 目視チェック | 4 | 3 | 2 | 24 | 吸着圧の引上げ，検査機による全数耐圧チェック | 2 | 3 | 1 | 6 |
| | | | インシュレーション破れ | アース発生 | インシュレーションガイド部の破損 | 抜き取りチェック(1回/日) | 1 | 3 | 2 | 6 | (実施せず) | | | | |
| | | | インシュレーション全長不良 | アース発生 | 送りローラーのすべり | 抜き取りチェック(2回/日)，定期清掃 | 1 | 3 | 2 | 6 | (実施せず) | | | | |
| | | | インシュレーション曲げ寸法不良 | アース発生 | 成型ローラーの摩耗 | 抜き取りチェック(3回/日) | 1 | 3 | 2 | 6 | (実施せず) | | | | |
| | | | コイル欠品 | 性能不良 | チャックミス | 自動欠品チェッカー | 2 | 3 | 1 | 6 | (実施せず) | | | | |

**表 6.1** （続き）

| 工程No. | 工程名 | 工程の機能 | 不具合 | 不具合の影響 | 不具合の原因/メカニズム | 管理方法（現状/原案） | 重要度評価 | | | | 対策 | 対策後の重要度評価 | | | |
|---|---|---|---|---|---|---|---|---|---|---|---|---|---|---|---|
| | | | | | | | 発生度 | 影響度 | 検出度 | 重要度スコア | | 発生度 | 影響度 | 検出度 | 重要度スコア |
| | | | | | 手作業時の脱落 | 目視チェック | 3 | 3 | 2 | 18 | 検査機による全数耐圧チェック | 3 | 3 | 1 | 9 |
| | | | インシュレーション，コイル挿入不良 | コア変形，チャックユニット破損 | セットの位置ずれ | 基準位置マーキング | 4 | 3 | 1 | 12 | 全数チェック | | | | |
| | | | 異物混入 | アース，レアショート，レアオープン | 部品付着による | 部品洗浄 | 2 | 3 | 4 | 24 | 検査機による全数耐圧チェック，レア検査 | 2 | 3 | 1 | 6 |
| | | | … | … | … | … | | | | | | | | | |

出典：日本品質管理学会編（2009）：新版 品質保証ガイドブック，日科技連出版社，p113 を基に作成

**表 6.2** 作業 FMEA の例

| No. | 要素作業 | 不具合 | 不具合の影響 | 不具合の発生原因 | 重要度評価 | | | | 対策 |
|---|---|---|---|---|---|---|---|---|---|
| | | | | | 発生度 | 影響度 | 検出度 | 重要度スコア | |
| 1 | 部品Aを本体に仮置きする | 位置の違い | Aの緩み | 類似作業の繰返し | 2 | 3 | 1 | 6 | （実施せず） |
| 2 | 部品箱からねじを取る | 取り忘れ | A欠品 | 類似作業の繰返し | 1 | 3 | 2 | 6 | （実施せず） |
| | | 選び間違い | Aの緩み | 種類不明確，標準書との対応が複雑 | 2 | 3 | 4 | 24 | 当該品番のねじ箱（整列フィード）に表示ランプを付ける． |

**表6.2**（続き）

| No. | 要素作業 | 不具合 | 不具合の影響 | 不具合の発生原因 | 重要度評価 | | | | 対策 |
|---|---|---|---|---|---|---|---|---|---|
| | | | | | 発生度 | 影響度 | 検出度 | 重要度スコア | |
| 3 | 良否を確認する | 見逃し | 外観不良 | 付随的作業，動作を伴わない | 2 | 2 | 3 | 12 | （実施せず） |
| 4 | 部品箱からスプリングを取る | 取り忘れ | Aの緩み | 類似作業の繰返し，付随的作業 | 4 | 3 | 3 | 36 | 左手でスプリングを取る． |
| | | 選び間違い | Aの緩み | 種類不明確，標準書との対応が複雑 | 2 | 3 | 4 | 24 | 部品箱の層別 |
| 5 | 良否を確認する | 確認忘れ | 外観不良 | 付随的作業，動作を伴わない | 2 | 2 | 3 | 12 | （実施せず） |
| 6 | ねじにスプリングを入れる | 挿入忘れ | Aの緩み | 実施結果が見にくい，付随的作業 | 4 | 3 | 3 | 36 | 作業者から，ねじとスプリングがよく見えるように鏡を設置する． |
| 7 | ねじで部品Aを本体に仮組みする | 仮組み忘れ | A欠品 | 類似作業の繰返し | 1 | 3 | 2 | 6 | （実施せず） |
| | | 位置の間違い | Aの作動不良 | 類似作業の繰返し | 1 | 3 | 2 | 6 | （実施せず） |
| 8 | 電気ドライバーのトルクを設定する | 設定の間違い | Aの緩み | やったりやらなかったりする，付随的作業 | 2 | 3 | 3 | 18 | （実施せず） |
| 9 | 電気ドライバーで本締めする | トルク不足 | Aの緩み | 実施結果が外観で不明，類似作業の繰返し | 4 | 3 | 4 | 48 | 所定の時間内に，トルク管理値に達すると作業完了ランプが発光するようにする． |
| | … | … | … | … | | | | | |

出典：中條武志（2010）：人に起因するトラブル・事故の未然防止とRCA，日本規格協会，p87を基に作成

**表 6.3** 設備 FMEA の例(出典:JIS Q 9027:2018　マネジメントシステムのパフォーマンス改善—プロセス保証の指針，表 9)

| No. | 部位 | | 機能 | 不具合 | 製品や工程への影響 | 不具合の発生原因 | 重要度評価 | | | | 対策 |
|---|---|---|---|---|---|---|---|---|---|---|---|
| | | | | | | | 発生度 | 影響度 | 検出度 | 重要度スコア | |
| 1 | 駆動部 | 搬送チェーン | 搬送 | 搬送速度のばらつき(遅れ) | ワーク満載 / ワーク切れの発生 | モータのトルク不足 | 3 | 3 | 1 | 9 | モータ定格容量の見直し |
| | | | | | | チェーンのたるみ，緩みがある | 4 | 3 | 1 | 12 | 定ピッチ検出機構の追加 |
| | | | | | | PLC のスキャンタイムがある | 2 | 2 | 1 | 4 | (実施せず) |
| | | | | | | 異物のかみ込み | 1 | 3 | 1 | 3 | (物的対策せず) 整備マニュアルに清掃点検の項目を追記 |
| | | | | ワークのがた / 落下 | 不適合品 (キズ) の発生 | パレットとチェーンの位置決め精度が悪い | 4 | 3 | 1 | 12 | パレット脚部の形状見直し |
| | | モータ | 駆動 | 駆動停止 | ライン稼働率の低下 | 断線 | 2 | 3 | 1 | 6 | (実施せず) |
| | | | | | | トルク低下 | 3 | 3 | 1 | 9 | 出力センサー / 出力計の高精度化 |
| | | | | | | ギヤの摩耗 | 2 | 2 | 1 | 4 | (物的対策せず) AE による常時監視を長期的に検討 |
| | | パレット | ワーク保持 | ワークのがた / 落下 | 不適合品の発生 | パレットとチェーンの位置決め精度が悪い | 4 | 3 | 1 | 12 | パレット脚部の形状見直し |
| 2 | 加工部 | 移載部 | ワークの移し替え | ワークの落下 | 不適合品の発生 | 移載アームのがた | 3 | 3 | 1 | 9 | 移載アームのティーチング見直し |
| | | | | ワークの位置決め不良 | 不適合品の発生 | 移載アームのがた | 3 | 3 | 1 | 9 | 移載アームのティーチング見直し |
| | | | | | | ワークとパレットの位置決め精度が悪い | 3 | 3 | 1 | 9 | ワークとパレット間の寸法公差の見直し |
| | | | | | | 段取換えの情報ラグ | 2 | 1 | 1 | 2 | (実施せず) |
| | | 加工部 | ワーク保持 | 加工不良 | 不適合品の発生 | ワークの位置決め不良 | 4 | 3 | 1 | 12 | 位置決めセンサーの位置見直し |
| | | | ツールチェンジ | 加工不良 | 不適合品の発生 | ツールチェンジャーの作動不良 | 4 | 3 | 1 | 12 | ツールチェンジャーの位置決め / 回転速度の見直し |
| | | | … | … | … | … | | | | | |

**Q7：当社は，分野別のMSについて個々に運営管理を行っていますが，この方法では効率的でないので統合MSへの移行を考えています．どのような考え方で統合を行えばよいのか，また，内部監査を効率的に行うためにはどのようにすればよろしいでしょうか．**

**A7**：おっしゃるとおり個々のMSごとに運営管理していると事業活動との乖離が生まれる可能性がありますので，統合したほうが効率的な運営管理ができます．組織の経営は，品質，環境，情報セキュリティ，労働安全衛生などの経営要素について，個別のMSで運営管理しているわけではなく，これらの経営要素を総合的に運営管理し，組織の目的に沿った事業活動を行っています．このため，組織がこれらのMS規格ごとに第三者認証を受けている場合には，個々のMSを別々に運営管理するよりも，認証取得している個々のMSを統合して運営管理するほうが効果的で効率的になることは言うまでもありません（図6.1参照）．

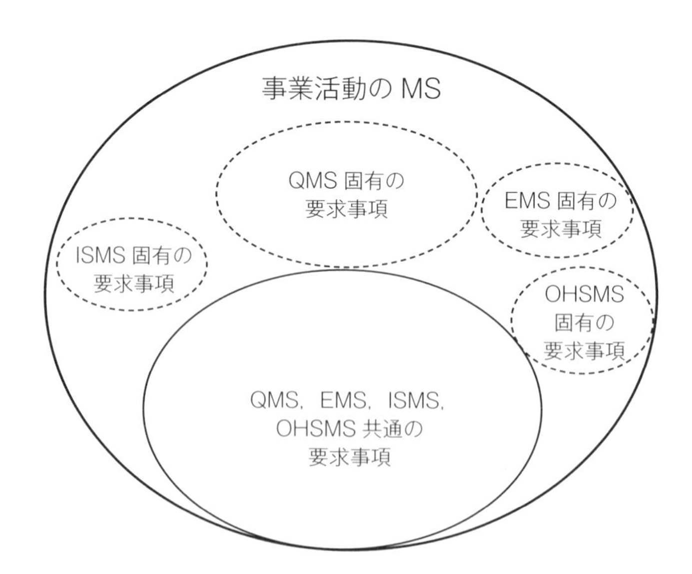


**図6.1**　事業活動とQMS，EMS，ISMS及びOHSMSとの関係［出典：福丸典芳(2018)：ISO統合マネジメントシステムの構築と内部監査の実践，p2，日科技連出版社，一部修正］

このためには，図 6.2 に示すように各分野別の関係性を考慮して監査の準備にあたることが大切です．

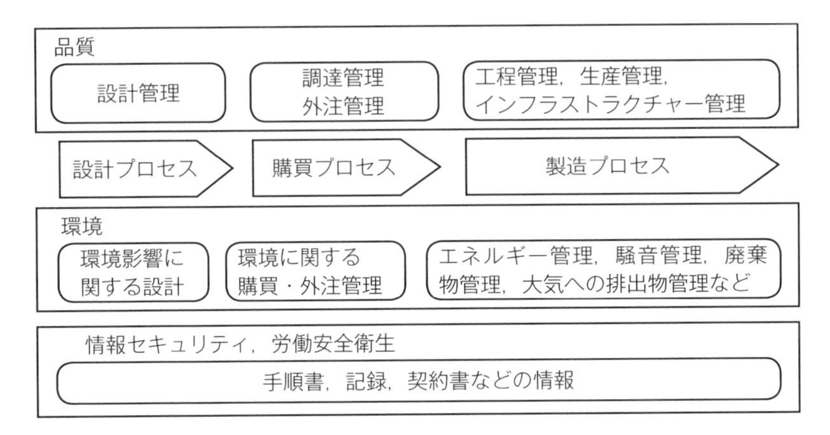


**図 6.2**　製品実現のプロセスと QMS，EMS，ISMS，OHSMS に関する関係性［出典：福丸典芳（2018）：ISO 統合マネジメントシステムの構築と内部監査の実践，p16，日科技連出版社，一部修正］

以上のことを考慮した統合 MS の内部監査の重要事項を次に示します．

①　監査対象の確認

監査事務局から指定された対象に関係する MS の要素を検討する．

②　監査時間の配分の検討

監査は，指定された時間内で完了することが必要である．一つの分野に時間をかけすぎると他の分野の監査時間が短くなるので，当該プロセスの各 MS の運用管理上の影響度に応じて監査時間を設計することが効果的である．時間配分を適切に行うためには事前の準備が大切である．

例えば，生産部門では，品質，環境，情報セキュリティ，労働安全衛生に関して，“顧客は品質及び情報セキュリティ，社員は作業環境，組織は省エネ，労働安全衛生，社会は地球環境を重視している”という考え方で運営管理しているとする．この場合，事業活動に与える要素の大きさを考慮すると，監査時間の配分を例えば，5(Q)：2(E)：1(IS)：2（OHS）とできる．一方，管理部門では，“組織は仕事の質，情報資産の管理，省エネ，社員は病的健康状態を重視する”という考え方で運営管理しているとする．この場合，事業活動に与える要素の大きさを考慮すると，監査時間の配分を例えば，6(Q)：2(IS)：1(E)：1（OHS）とできる．

どちらの場合でも，Q，E，IS，OHSそれぞれについて，パフォーマンスに問題がある要素を重点的に監査するとともに，プロセスの変更要素を重点的に監査することが効果的である．

③　監査対象の情報の収集

監査対象のMSの運用管理に関する情報を事前に収集する．

④　監査チェックシートの作成

収集した情報をもとにチェックシートを作成する．なおチェックシートでは監査の意図を明確にする．

なお，MSに関する共通要求事項については，事前に収集した情報及び結果の重要性（製品・サービス要求事項や環境要求事項に影響を与える程度）を考えて，“どのMSに関する要求事項から選択するのか”を決める．
このとき重要となるのが以下のような事項である．

・目標展開とその結果
・目標達成のための実施事項の展開とその結果
・文書管理の実施状況
・内部監査の結果に対する処置状況
・是正処置の実施状況

**Q8：統合MSの監査を行う際には準備が大切だと思いますが，チェックリストを作成する際のポイントを説明してください．**

**A8**：監査のチェックリストは，監査事務局が作成したものに監査員が重要と考える視点を追加することがあります．監査事務局が作成したものだけで監査を行うと，毎回同じ視点で監査をすることになり形骸化する恐れがあります．したがって，監査員は被監査者の活動状況に応じた視点に追加して確認したい活動を明確にすることが大切です．

このような準備をすることで，監査の準備として何を監査するのかを事前に検討でき，効率的に監査が行えます．このため，監査員自身が追加のチェックリストを作成する際には，次の事項を考慮することが大切です．

① 監査対象部門が使用している規程類，記録類

② QMS の年度計画の策定とその達成状況

③ 不適合に対する是正処置の状況

また，監査対象プロセスの活動状況を確認するためには，図 6.3 に示すようなタートル図を作成すると効果的です．

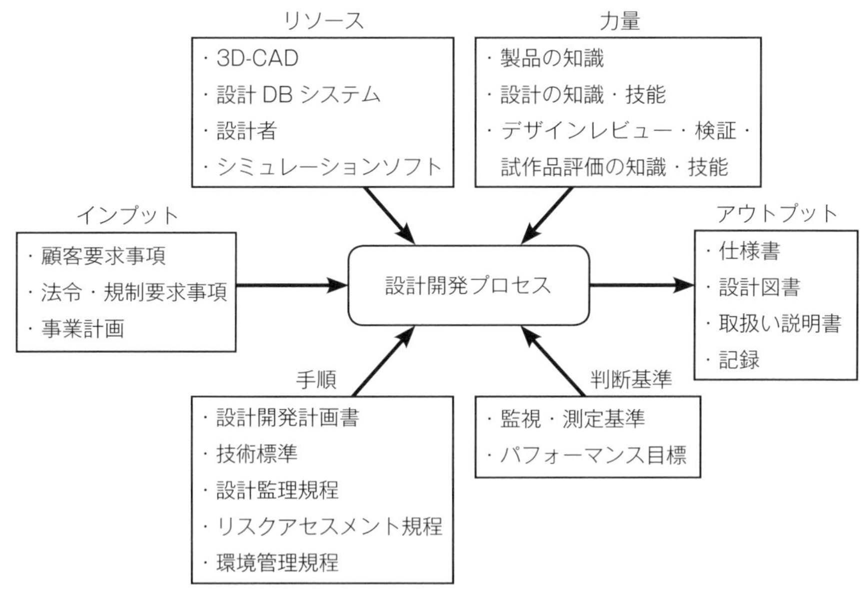


**図 6.3** 設計開発プロセスのタートル図［出典：福丸典芳（2018）：ISO 統合マネジメントシステムの構築と内部監査の実践，p148，日科技連出版社，一部修正］

チェックリストの例

・製品 A の設計計画書の作成の考え方を確認する．

・設計担当者の割当ての考え方を確認する．

・製品 A の設計品質の考え方を確認する．

・製品Aの設計計画の進捗管理の実施状況を確認する．
・製品Aインプットのレビュー方法を確認する．
・製品Aの概要設計・詳細設計に対するレビュー方法を確認する．
・製品Aのレビュー参加者の責任・権限を確認する．
・製品Aのレビューの結果の取扱いについて確認する．
・製品Aの詳細設計の検証方法を確認する．
・製品Aの検証結果の取扱いについて確認する．
・製品Aの試作品評価に関する試験項目設定の考え方を確認する．
・製品Aの試作品評価の結果の取扱いについて確認する．
・設計開発の品質，環境，情報セキュリティ及び作業安全に関するパフォーマンスの決定の考え方を確認する．
・設計開発プロセスのリスク（品質，環境，情報セキュリティ，労働安全衛生）への対応について確認する．

**Q9：当社では提供者に対して第二者監査を実施していますが，第二者監査のプロセスが明確でなく，提供者のパフォーマンスの改善につながっていないのが現状です．どのような方法で行えば，提供者のパフォーマンス改善につながるのかを教えてください．**

**A9**：第二者監査とは，組織が提供者に対して組織が定めた監査基準に基づいて，現地・現物・現実で監査を行うものです．このため，第二者監査の目的は，調達先のMSが組織の要求事項に従って適切に運営管理され，その結果が有効に出ているかを確認することがその役割です．また，第二者監査は，組織と調達先のコミュニケーションの場でもあり，これを通して組織の考え方を調達先に理解してもらうことが可能になります．

第二者監査のプロセスは，図6.4に示すような活動が必要です．以下にその活動の内容を示します．調達先のパフォーマンス改善のためには，監査員のMSの運営管理に関する知識と技能を持つことが大切であり，監査プロセスでは，フォローアップ活動に関する指導が重要な活動です．

・監査対象の調達先の選定

調達量，受入検査結果，品質不具合発生状況などを考慮して，監査対象の調達先を選定する．

・年間計画の策定

監査工数を考慮し，監査の平準化を図った年間監査計画を策定する．調達先との調整もこの段階で行う．

・監査員の選定

監査対象の製品・サービスについての専門性を考慮して，選定する．

・監査の実施

監査計画に基づいて監査を実施する．問題があった場合には，調達先と改善の方向性についてお互い協力して検討する．

・監査の報告

監査結果を調達先に伝達し，理解させる．改善項目の完了日を明確にする．

・改善活動のフォロー

改善活動のフォローを行う．問題がある場合には，指導を行う．

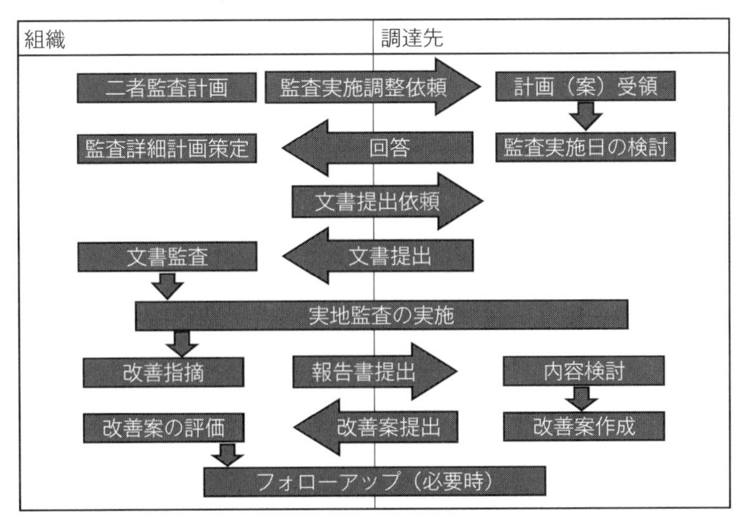


**図 6.4**　第二者監査のプロセス［出典：日本品質管理学会編（2009）：新版 品質保証ガイドブック，p143，日科技連出版社，一部修正］

**Q10：第二者監査では，改善事項を明確にして提供者に対して指定した時期までに改善を依頼していますが，改善事項によっては改善が完了するまで時間がかかる場合があります．このような場合の効果的なフォローアップ方法を教えてください．**

**A10**：フォローアップ活動には，二つの種類があります．改善指摘事項がMSに与える影響が大きくない場合には，改善報告書のレビューを行い，次回の監査でその有効性を確認する方法及びMSに与える影響が大きい場合には，改善状況を評価するためのフォローアップ活動が大切です．このフォローアップ活動に時間がかかる場合には，表6.4に示す様式で継続的なフォローアップ活動を行うことが効果的です．

**表6.4**　フォローアップ監査の事例

| フォローアップ監査報告書（　2　回目） | | | | | |
|---|---|---|---|---|---|
| 会社名 | ○○㈱ | | 担当者名 | △△ | |
| 経営要素 | 現状レベル | | 到達レベル | | |
| 品質 | 不適合品率　0.7% | | 品質 | 不適合品率　0.4%以下 | |
| コスト | － | | コスト | 7%低減 | |
| 納期 | 達成率95% | | 納期 | 達成率100% | |
| 改善件数 | 是正処置完了件数（当月：　1件　，累計：　2件　）<br>未然防止完了件数（当月：　0件　，累計：　2件　） | | | | |
| フォローアップの実施時期 | 5　月 | 8　月 | 月 | 月 | 月 |
| フォローアップの対象項目 | | | フォローアップの着眼点 | | |
| 設備の日常点検の活用 | | | 日常点検での問題点の取扱い | | |
| 管理図の活用 | | | 管理図での工程管理の進め方 | | |
| 改善指摘事項に対する改善の実施状況の評価 | | | | | |
| 改善が進んでいる項目・背景及び／又は改善が進んでいない項目・ネックは何かを記述する．進捗状況を記入する．改善結果の有効性を評価する． | | | | | |

| 検査手順どおりに作業が行われていないという指摘に対しては，是正処置が適切に行われており，手順どおりに実施されていたことを確認した．<br>管理図の活用のための教育訓練が6月20日に実施されていた．製品Aの特性について管理図が作成されていたが，毎日作成していなかったので，毎日作成したことを監視するように指示を行った． |
|---|
| 改善状況の評価及び改善指導に対する上長コメント |
| 基本的な事項が一部出来ていない面があるので，次回までフォローを行い，問題がない場合にはフォローアップは完了すること． |

## 参考文献

ISO 19011:2018／JIS Q 19011:2019（マネジメントシステム監査のための指針）

ISO 9001:2015／JIS Q 9001:2015（品質マネジメントシステム―要求事項）

ISO 14001:2015／JIS Q 14001:2015（環境マネジメントシステム―要求事項及び利用の手引）

ISO/IEC 27001:2013／JIS Q 27001:2014（情報技術―セキュリティ技術―情報セキュリティマネジメントシステム―要求事項）

ISO 45001:2018／JIS Q 45001:2018（労働安全衛生マネジメントシステム―要求事項及び利用の手引）

福丸典芳：ISO 9001:2015年版　内部監査の基礎から応用まで，アイソス No.233～No.244，システム規格社

福丸典芳（2018）：ISO統合マネジメントシステムの構築と内部監査の実践，日科技連出版社

ISO 9001内部監査指摘ノウハウ集編集委員会編（2016）：中小企業のためのISO 9001内部監査指摘ノウハウ集，日本規格協会

JIS Q 9027:2018（マネジメントシステムのパフォーマンス改善―プロセス保証の指針）

日本品質管理学会編（2009）：新版 品質保証ガイドブック，日科技連出版社

# 索　　引

［著者略歴］

**福丸　典芳**（ふくまる　のりよし）

1974 年　鹿児島大学工学部電気工学科卒業
1974 年　日本電信電話公社入社
2000 年　株式会社 NTT-ME コンサルティング取締役
2002 年　有限会社福丸マネジメントテクノ代表取締役，現在に至る

**＜主な委員会活動等＞**
ものづくり日本語検定協会　企画実行委員会　委員
日本規格協会　品質マネジメントシステム規格国内委員会　委員
日本品質管理学会　管理技術部会　副部会長

**＜主な著書＞**
『QMS 改善のための七つ道具』（日本規格協会）
『超 ISO 企業実践シリーズ 5　経営課題　QMS の有効性を継続的に改善したい』（日本規格協会）
『超 ISO 企業実践シリーズ 12　経営課題　購買製品の品質を向上させたい』（共著，日本規格協会）
『中小企業のための ISO9001 内部監査指摘ノウハウ集』（共著，日本規格協会）
『ISO 9004:2018（JIS Q 9004:2018）解説と活用ガイド』（共著，日本規格協会）
『ISO9001 要求事項の解説とマネジメントシステムの構築の仕方』（日科技連出版社）
『ISO 統合マネジメントシステムの構築と内部監査の実践』（日科技連出版社）

**ISO 19011:2018（JIS Q 19011:2019）**
**マネジメントシステム監査　解説と活用方法**

---

2019 年 7 月 19 日　第 1 版第 1 刷発行
2022 年 5 月 25 日　　　　第 2 刷発行

著　　者　福丸　典芳
発 行 者　朝日　　弘
発 行 所　一般財団法人　日本規格協会
〒 108-0073　東京都港区三田 3 丁目 13-12 三田 MT ビル
https://www.jsa.or.jp/
振替　00160-2-195146
製　　作　日本規格協会ソリューションズ株式会社
印 刷 所　株式会社平文社
製作協力　株式会社群企画

---


ISBN978-4-542-50186-7